物联网工程设计与管理

主　编　夏少芳
副主编　赵丙辰

北京理工大学出版社
BEIJING INSTITUTE OF TECHNOLOGY PRESS

内 容 简 介

本书以物联网智能家居项目的实施过程为例，介绍了物联网工程项目开发的项目立项阶段、项目管理阶段（项目管理概述、项目范围管理、项目进度管理、项目成本管理、项目质量管理）、项目实施阶段（项目需求分析、项目架构设计、项目网络设计、项目应用层设计等）、项目部署与维护阶段的知识，满足应用型人才培养的需求。通过本书的学习，读者将了解物联网工程项目开发的流程及相关项目管理知识。

本书可作为普通本科院校物联网工程专业核心课程"物联网工程设计与管理"配套教材，也可作为物联网工程项目开发人员的参考书。

图书在版编目（CIP）数据

物联网工程设计与管理 / 夏少芳主编. --北京：
北京理工大学出版社，2025.2.
ISBN 978-7-5763-5153-8

Ⅰ. TP393.4；TP18

中国国家版本馆 CIP 数据核字第 2025YX8563 号

责任编辑：江 立   文案编辑：李 硕
责任校对：刘亚男   责任印制：李志强

出版发行 / 北京理工大学出版社有限责任公司
社　　址 / 北京市丰台区四合庄路 6 号
邮　　编 / 100070
电　　话 / (010) 68914026（教材售后服务热线）
　　　　　 (010) 63726648（课件资源服务热线）
网　　址 / http://www.bitpress.com.cn

版 印 次 / 2025 年 2 月第 1 版第 1 次印刷
印　　刷 / 涿州市新华印刷有限公司
开　　本 / 787 mm×1092 mm　1/16
印　　张 / 14.25
字　　数 / 331 千字
定　　价 / 89.00 元

前 言

FOREWORD

本书为河北省普通本科高校应用转型发展试点项目资助教材。

本书为河北省教改项目（2025GJJG572）及邢台学院教改项目（JGY21019）资助教材。

党的二十大报告提出"教育、科技、人才是全面建设社会主义现代化国家的基础性、战略性支撑"，揭示了科技强国与教育体系之间密不可分的关系。2020年12月，邢台学院列入河北省第二批普通本科高校向应用技术类型高校转型发展试点学校。学校全面深入贯彻党的二十大精神，紧抓应用型本科试点院校契机，进一步围绕应用型高水平大学办学目标，致力持续培养应用型人才，提高应用型人才培养质量，推进学校教学高质量发展，服务地方区域经济。本书以二十大精神为指导，贯彻学校育人理念，将知识、技能、工匠精神的培养有机结合，讲实际、强应用，以应用、创新型人才培养为目标。

为进一步满足应用型人才培养需求，本书以物联网工程项目的实施过程为主线，以项目式开发流程为指导，介绍了物联网项目开发的项目立项、项目管理、项目实施、项目部署与维护等阶段的知识，描述了物联网工程、物联网工程项目管理、项目可行性分析、需求分析、架构设计、设备选型、网络设计及软件工程、项目验收等内容，可培养学生对于物联网工程项目的综合设计能力，使学生具备较高的设计能力和专业素质，具备从事物联网工程设计及信息处理工作的高素质技能，为应用型课程建设提供支撑。

在学习本课程之前，学生必须系统地学习物联网工程专业的核心基础课程，包括物联网感知、物联网通信、物联网应用开发等，后续学生将面临毕业设计及毕业实习，需要将所学的基础知识融会贯通，本书可以将物联网知识进行串联，以物联网项目实践为背景，介绍了整个物联网项目实施过程的主要环节及各环节所需要的知识和技能。

物联网工程是一门涉及嵌入式、计算机网络、通信工程、软件工程等领域的专业。物联网工程项目的实施设计范围广、实施细节很多，需要整合很多相关内容。本书以物联网工程项目实施过程为主线，系统地介绍了物联网项目的设计过程，实用性强。

本书由夏少芳担任主编，赵丙辰担任副主编。全书共分为4篇，包括12章。第一篇（1~2章）详细介绍了物联网项目在立项阶段的相关内容，包括物联网工程设计概述和物联网工程项目可行性研究；第二篇（3~7章）着重讲解了物联网工程项目在实施过程中的管理，重点介绍了范围管理、进度管理、成本管理、质量管理等；第三篇（8~11章）介绍了物联网项目实施过程的各个阶段；第四篇（第12章）着重介绍了物联网项目在部署与维护阶段的主要内容。

  本书在编写过程中，参考了很多资料，但限于作者水平，难免有待商榷之处，希望各位专家和读者提出宝贵意见，以便我们进一步修改、完善，我们将不胜感谢。

编　者

2024 年 5 月

目 录

CONTENTS

第四篇　物联网工程项目部署与维护

第一篇　物联网工程项目立项

第 1 章

物联网工程设计概述

 项目任务

- 知道物联网工程的基本概念
- 能够简述物联网工程的研究内容
- 知道物联网工程设计的方法、原则
- 能够拟定物联网工程项目选题

1.1 物联网工程概念

1.1.1 项目工程

工程在《现代汉语词典（第 7 版）》中的释义：一是指土木建筑或其他生产、制造部门用比较大而复杂的设备来进行的工作，如土木工程、机械工程、化学工程、采矿工程、水利工程等，也指具体的建设工程项目；二是泛指某项需要投入巨大人力和物力的工作。

王良民教授给出的工程的释义：工程是科学和数学的某种应用，通过这一应用，使自然界的物质和能源的特性能够通过各种结构、机器、产品、系统和过程，以最短的时间和最少的人力、物力做出高效、可靠且对人类有用的东西。

工程是指将科学与实践相结合，综合使用多个技术方法来构建的一个新的系统，这个新的系统在客观上是一个创造物。

工程活动包括确立正确的工程理念，制订一系列合理决策，正确设计、合理构建和运行这些决策，其结果又具体地体现为特定形式的一个或一组新事物。

1.1.2 物联网工程

结合工程和物联网本身的定义可知，物联网工程是需要投入巨大人力物力的一项工作。物联网工程的释义：物联网工程是研究物联网系统的规划、设计、实施、管理与维护

的工程科学。依照国家、行业或企业规范，要求物联网工程技术人员根据既定的目标，制订物联网建设的方案，协助工程招投标，开展设计、实施、管理与维护等活动。

从物联网应用的角度，可以认为物联网工程指的是无处不在的末端设备和设施，包括具备"内在智能"的传感器、移动终端、工业系统、楼控系统、家庭智能设施、视频监控系统，以及"外在使能"的贴上二维码的各种资产、携带无线终端的个人与车辆等。"智能化物件或动物"或"智能尘埃"通过各种无线和（或）有线的长距离和（或）短距离通信网络实现互联互通应用大集成。基于云计算的软件运营服务，在内网、专网和（或）互联网环境下，采用适当的信息安全保障机制，提供安全可控乃至个性化的实时在线监测、定位追溯、报警联动、调度指挥、预案管理、远程控制、安全防范、远程维保、在线升级、统计报表、决策支持、领导桌面集中展示等管理和服务功能，实现万物高效、节能、安全、环保的"管、控、营"一体化发展。

1.1.3　物联网工程特点

物联网工程的特点主要体现在以下 4 个方面。

（1）智能化。物联网工程通过各种传感器、设备和系统的连接，实现了物理世界与数字世界的深度融合。这种连接使得各种智能设备能够相互交流和协作，从而实现智能化的操作和管理。

（2）整体感知。物联网可以利用射频识别、二维码、智能传感器等感知设备获取物体的各类信息。

（3）可靠传输。通过对互联网、无线网络的融合，将物体的各类信息实时、准确地传送，以便进行信息交流、分享。

（4）智能处理。使用各种智能技术，对感知和传送的数据、信息进行分析处理，实现监测与控制的智能化。

从领域分类来讲，物联网建设是信息化建设的一部分，要建设的物联网系统仍然是信息系统。但与以往的信息系统相比，物联网系统包含了更多内容。

物联网工程除了具有传统工程所具备的一些特点之外，还具备如下 3 个特点。

（1）相关领域繁多，背景知识相当庞杂。

（2）以应用为导向的技术集成。

（3）对开发技术人员的要求高，技术人员应具备以下能力。

1）技术人员应全面了解物联网的原理、技术、系统、安全等知识，了解物联网技术的现状和发展趋势。

2）技术人员应熟悉物联网工程设计与实施的步骤、流程，熟悉物联网设备及其发展趋势，具有设备选型与集成的经验和能力。

3）技术人员应掌握信息系统开发的主流技术，具有基于无线通信、Web 服务、海量数据处理、信息发布与信息搜索等技术进行综合开发的经验和能力。

1.2　物联网工程项目架构

1.2.1　4 个层级

一个典型的物联网工程项目架构如图 1.1 所示。

物联网工程项目架构包含感知层、通信层、平台层和应用层，物联网工程项目的主要建设内容也基于这 4 层展开。

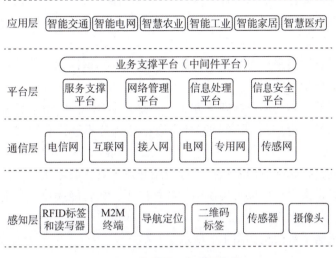

图 1.1 物联网工程项目架构

1. 感知层

感知层是物联网的核心，是信息采集的关键部分。感知层位于物联网平台架构中的最底层，其功能为感知，即通过传感网络获取环境信息。

感知层包括二维码标签和识读器、射频识别（Radio Frequency Identification，RFID）标签和读写器、摄像头、全球定位系统（Global Positioning System，GPS）、传感器、机器对机器（Machine to Machine，M2M）终端、传感器网关等，主要的功能是识别物体、采集信息，与人体结构中皮肤和五官的作用类似。

2. 通信层

通信层是信息处理系统，其功能为传输，即通过通信网络进行信息传输。通信层作为纽带连接感知层和平台层，它由各种私有网络、互联网、有线和无线通信网等组成，相当于人的中枢神经系统，负责将感知层获取的信息安全可靠地传输到平台层，然后根据不同的应用需求进行信息处理。

通信层可分为传感器网络、接入网和传输网。

（1）传感器网络是一种由传感器节点组成的网络，其中每个传感器节点都具有传感器、微处理器以及通信单元。节点间通过通信网络组成传感器网络，协作感知和采集环境或物体的准确信息。无线传感器网络（Wireless Sensor Network，WSN）则是目前发展较迅速、应用较广的传感器网络之一。

（2）接入网有光纤接入、无线接入、以太网接入、卫星接入等接入方式，帮助实现底层的传感器网络实现"最后一千米"的接入。

（3）传输网由公网与专网组成，典型传输网络包括电信网（固网、移动通信网）、广电网、互联网、电力通信网、专用网（数字集群）。

3. 平台层

平台层在整个物联网体系架构中起着承上启下的作用，它不仅实现了底层终端设备的

"管、控、营"一体化,为上层架构提供应用开发和统一接口,构建了设备和业务的端到端通道,还提供了业务融合以及数据价值孵化的土壤,为提升产业整体价值奠定了基础。

平台层提供设备管理、数据管理、数据分析和机器学习、安全和访问管理等服务。平台层的服务常采用公有云实现,如阿里云、华为云、树根云等。

4. 应用层

应用层可以对感知层采集的数据进行计算、处理和知识挖掘,实现对物理世界的实时控制、精确管理和科学决策。

物联网应用层的核心功能包括两个方面:一是"数据",应用层需要完成数据的管理和数据的处理;二是"应用",只管理和处理数据还远远不够,必须将这些数据与各行业应用相结合。

从结构上划分,物联网应用层包括各种应用开发工具、服务接口、用户接口和应用市场,其中应用市场是指用户可以直接使用的各种应用,如智能操控、智能安防、远程电力抄表、远程医疗、智能农业等。

物联网智能家居平台架构如图 1.2 所示。

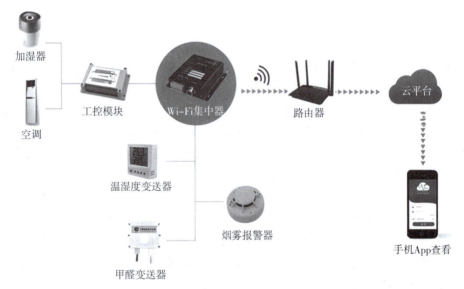

图 1.2　物联网智能家居平台架构

1.2.2　物联网安全

物联网工程项目架构的各层都离不开数据的安全管理,包括感知层安全管理、通信层安全管理、平台层安全和应用层安全。

物联网安全的重要性体现在多个方面。首先,物联网技术的广泛应用使得越来越多的设备连接到网络,这些设备中可能包含大量的敏感数据,如个人信息、企业机密等。如果这些数据泄露或被篡改,将给个人和企业带来严重的损失。因此,物联网安全对于保护个人隐私和企业利益至关重要。其次,物联网设备通常直接与现实世界的物理系统相连,如智能家居系统、工业自动化系统等。如果这些设备受到网络攻击或控制,可能会对现实世界的物理系统造成干扰或破坏,甚至可能导致人身安全受到威胁。因此,物联网安全对于保障公共安全和社会稳定也具有重要意义。

常见的物联网工程安全领域涉及的技术如下。

（1）加密技术。物联网中需要使用加密技术来保护数据的机密性和完整性，防止数据被窃取或篡改。

（2）身份认证技术。物联网中需要使用身份认证技术来确保只有获得授权的用户能够访问和使用物联网设备和服务。

（3）访问控制技术。物联网中需要使用访问控制技术来限制用户对物联网设备的访问权限，防止未经授权的访问和操作。

（4）安全协议技术。物联网中需要使用安全协议技术来确保数据传输的安全性和可靠性，防止数据被篡改或窃取。

（5）安全审计技术。物联网中需要使用安全审计技术来记录和分析物联网设备和服务的使用情况，及时发现并应对安全问题。

（6）防火墙技术。物联网中需要使用防火墙技术来保护物联网设备和服务的网络边界，防止外部攻击和入侵。

（7）入侵检测技术。物联网中需要使用入侵检测技术来实时监测和分析物联网设备和服务的网络流量和行为，及时发现并应对安全威胁。

1.3 物联网工程设计

1.3.1 物联网工程设计的概念和方法

物联网工程设计指的是在系统、科学的方法指导下，按照工程化的方法，对特定领域的物联网应用需求给出完善的技术设计、进行设备和产品的合理选择，确保方案能完善实现，保证建设成满足用户需求的物联网系统的过程。

物联网工程设计的方法可借助软件工程和网络工程中的生存周期理论来进行，利用物联网工程生存周期的迭代流程（见图1.3）展开，具体如下。

（1）生存周期开始。

（2）评估当前生存周期是否可行：若可行则转步骤（3），否则结束当前生存周期，转步骤（8）。

（3）迭代周期开始。

（4）迭代周期维持。

（5）判断系统是否能满足用户需求：若是则转步骤（4），否则转步骤（6）。

（6）迭代周期结束。

（7）判断当前工程是否还有利用价值：若有则进行改造并再次投入迭代，转步骤（3），否则转步骤（8）。

（8）生存周期结束。

由此可见，一个物联网工程在其整个生存周期中会进行多次升级改造，经过多个迭代过程。如果该工程无法满足用户需求，且其改造升级利用的成本远远高于新工程开发的成本，此时其生存周期将结束。

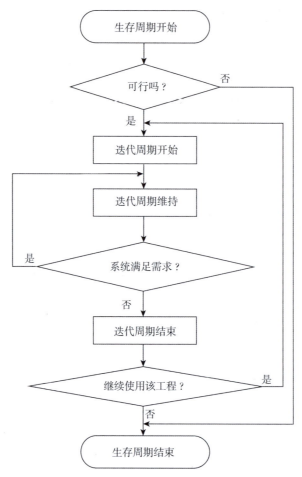

图 1.3　物联网工程生存周期的迭代流程

1.3.2　物联网工程设计的目标与约束条件

物联网工程设计的目标是在系统工程科学方法指导下，根据用户需求，设计完善的方案，优选各种技术和产品，科学组织工程实施，保证建设成一个可靠性高、性价比高、易于使用、满足用户需求的系统。

不同系统的目标之间存在差异。在设计之初，就应该制订明确、具体的设计目标，用以指导、约束和评估设计的全过程及最终结果。设计目标应具体，尽可能量化，用具体的参数表示出来，在每个阶段都应该有具体的目标。

在物联网工程设计过程中，考虑用户需求的同时也要考虑以下约束条件。

1. 政策和法律约束

了解政策和法律约束的目标是发现隐藏在项目背后的可能导致项目失败的事务安排、持续的争论、偏见、利益关系或历史等因素。政策约束的来源包括法律法规、行业规定、业务规范、技术规范等，政策约束的直接体现是法律法规条文、规定、国际/国家/行业标准、行政通知与政府发文等。

2. 预算约束

如果用户的预算是弹性的，那么意味着赋予了设计人员更多的设计空间，设计人员可以从用户满意度、可扩展性、易维护性等多个角度对设计进行优化。但是在大多数情况下，设计人员面对的是刚性预算，预算可调整的幅度非常小，在刚性预算下实现满意度、可扩展性、易维护性需要大量工程设计经验。

需要注意的是，对于因预算而使所设计的物联网工程不能满足用户需求的情况，放弃设计工作并不是一种积极的态度。正确的做法是，在统筹规划的基础上，将物联网建设工作划分为多个迭代周期，同时将建设目标分解为多个阶段性目标，通过实现阶段性目标，达到满足用户全部需求的目的，而当前预算仅用于完成当前迭代周期的建设目标。

3. 时间约束

客户通常会对项目进度有大致的要求，设计者必须根据要求制订合理、可行的实施计划。

4. 技术约束

如果用户提出的功能需求是现阶段的技术所不能实现的，设计人员应对每一项需求进行深入分析，列出那些在给定时间内既没有现成的设备或技术，也不可能研制出满足要求的设备或技术的项目，与用户进行沟通，商讨解决方案。

1.4　物联网工程设计应遵循的原则

物联网工程的设计是一个复杂的过程，在设计过程中，应遵循以下原则。

（1）实用性和先进性原则。

（2）安全性原则。

（3）标准化、开放性和可扩展性原则。

（4）可靠性与可用性原则。

物联网体系结构设计应遵循以下原则。

（1）多样性原则：物联网体系结构必须根据物联网的节点类型，分成多种类型。

（2）时空性原则：物联网体系结构必须能够满足物联网的时间、空间和能源方面的需求。

（3）互联性原则：物联网体系结构必须能够平滑地与互联网连接。

（4）安全性原则：物联网体系结构必须能够防御大范围内的网络攻击。

（5）坚固性原则：物联网体系结构必须具备坚固性和可靠性。

物联网系统集成设计需遵循以下原则。

（1）标准化和开放性原则：遵循国际通用的标准和协议，确保系统的开放性和兼容性。这有助于实现不同设备和系统之间的无缝连接和数据交换。

（2）模块化设计原则：采用模块化设计原则，将系统划分为若干个独立且可复用的模块。这样做可以提高系统的灵活性和可扩展性，便于未来的维护和升级。

（3）可靠性与稳定性原则：应选择合适的硬件和软件组件，并进行充分的测试，以确保系统在长时间运行中保持稳定。

（4）安全性原则：物联网系统集成必须考虑安全性，包括数据传输的安全、设备认证、访问控制等；应采取适当的安全措施，防止数据泄露和非法访问。

（5）数据整合与优化原则：在集成过程中，应确保来自不同数据源的数据能够得到有效整合；同时，要对数据进行优化处理，以提高数据质量和处理效率。

（6）用户友好性原则：集成后的系统应提供直观、易用的用户界面，以降低用户的学习成本，提高用户体验。

（7）可扩展性与可维护性原则：系统设计应考虑到未来的扩展需求，以便能够轻松地添加新功能或设备；同时，系统的架构应便于维护和故障排除。

1.5 物联网工程项目实施文件管理

1.5.1 文件的作用和分类

物联网工程项目的实施是一个复杂的过程，不仅包括设计过程，也包括管理过程。在项目实施的每一个阶段，都会形成过程实施文件，这些文件将作为项目验收的重要依据。

1. 文件的作用

（1）提高整个系统在设计开发过程中的能见度。

（2）提高设计开发效率。

（3）记录设计开发过程中的有关信息，便于协调系统后期的设计、使用和维护。同时也作为设计开发人员在一定阶段的工作成果和结束标志（即某一阶段告一段落的标志）。

（4）提供与整个物联网系统的运行、维护和培训有关的信息，便于管理人员、设计人员、操作人员和用户之间的协作、交流与了解，使系统设计开发活动更科学、更有成效。

（5）便于潜在用户了解项目的功能、性能等指标。

2. 文件的分类

物联网工程实施过程的文件可分为以下 3 类。

（1）开发文件。

开发文件大致包括以下内容。

1）系统设计文件：描述物联网系统的整体架构、模块划分、数据流程等。

2）开发指南：提供开发工具、编程语言、应用程序接口（Application Program Interface，API）使用方法等指导。

3）设备配置文件：详细说明如何配置和连接物联网设备，包括设备型号、通信协议、数据格式等。

4）测试文件：记录测试用例、测试结果、问题解决过程等。

（2）管理文件。

管理文件大致包括以下内容。

1）设备管理文件：描述如何管理和监控物联网设备，包括设备的注册、配置、故障排除等方法。

2）数据管理文件：说明如何收集、存储、分析和利用物联网数据，包括数据格式、数据存储位置、数据访问权限等。

3）安全管理文件：提供物联网系统的安全策略、安全措施和安全审计方法，确保系统安全稳定地运行。

（3）用户文件。

用户文件大致包括以下内容。

1）使用指南：详细说明如何使用物联网设备和系统，包括设备操作步骤、系统功能介绍等。

2）问题解决指南：提供常见问题的解决方法，帮助用户快速解决问题。

3）培训材料：针对新用户或特定需求，提供培训材料和教程，帮助用户更好地使用物联网设备和系统。

1.5.2 文件的管理与维护

建立并保证规范、完整的系统文件是物联网工程设计不可或缺的内容。文件管理与维护可以采取以下措施。

（1）每个工程项目中最好设置一名专职的文件管理人员，负责集中保管当前项目中所有文件的最新版本，并提供所有文件的统一排版格式。

（2）每个项目小组成员只保管与个人工作相关的文件，并注意与工程项目相关的主文件的一致性。

（3）在系统完成过程中，对项目设计及主文件的修改要非常谨慎，要遵循特定的修改步骤。

（4）项目完成后，在交付使用的过程中，也要遵循特定的步骤。

1.5.3 物联网工程实施文件的撰写

在物联网工程建设过程的每一个阶段，都应撰写实施文件作为下一阶段工作的依据。文件是工程验收、运行维护必不可少的资料，物联网工程项目开发各阶段性主要文件如表1.1所示。文件的具体内容将在后续章节中详细介绍。

表 1.1 物联网工程项目开发各阶段性主要文件

序号	文件名称	阶段
1	项目可行性研究报告 项目招标文件	项目可行性分析阶段
2	项目需求分析规格说明书	项目需求分析阶段
3	系统总体方案设计与设备选型报告	项目架构设计阶段
4	逻辑网络设计说明书	项目网络设计阶段（逻辑网络设计阶段）
5	物理网络设计说明书	项目网络设计阶段（物理网络设计阶段）
6	软件概要设计说明书	项目应用层设计阶段（概要设计阶段）
7	软件详细设计说明书	项目应用层设计阶段（详细设计阶段）
8	代码和单元测试脚本	软件编码与设计阶段
9	系统集成与软件测试报告	系统集成与测试阶段
10	项目部署报告	项目部署与维护阶段
11	项目维护报告	项目部署与维护阶段
12	项目管理日志 项目质量管理计划	项目管理阶段

思考题

1. 简述物联网工程项目架构的层次及内容？
2. 在进行物联网工程设计时应遵循哪些原则？
3. 物联网工程设计各阶段需要哪些文件？
4. 物联网工程设计的目标有哪些？
5. 给出一个智能农业大棚可行的物联网项目架构。

第 2 章

物联网工程项目可行性研究

 **项目任务**

- 对选题项目进行可行性研究
- 撰写物联网工程项目可行性研究报告

2.1 可行性研究的任务、目的和依据

2.1.1 可行性研究的任务

可行性研究就是在调查的基础上，通过市场分析、技术分析、财务分析和国民经济分析，对各种投资项目的技术可行性与经济合理性进行综合评价。

可行性研究的任务是针对新建或改建项目的主要问题，从技术、经济的角度进行全面的分析研究，并对其投产后的经济效果进行预测，在既定的范围内进行方案论证的选择，以便合理地利用资源，达到预定的社会效益和经济效益。可行性研究必须从系统总体出发，对技术、经济、财务、商业以及环境保护、法律等多个方面进行分析和论证，以确定建设项目是否可行，为正确进行投资决策提供科学依据。项目的可行性研究是对多因素、多目标系统不断进行分析研究、评价和决策的过程。可行性研究不仅可以应用于建设项目，还可以应用于科学技术和工业发展的各个阶段和各个方面。

2.1.2 可行性研究目的

可行性研究的目的是在最短时间内用尽可能低的代价确定项目是否值得去做。

物联网工程项目的可行性研究是确定是否对项目进行投资决策的依据。投资业主和审批部门主要根据可行性研究提供的评价结果，确定是否对此项目进行投资和如何进行投资。可行性研究报告是项目建设单位的决策性文件。

可行性研究是编制设计任务书的重要依据，也是进行初步设计和工程建设管理工作中

的重要环节。可行性研究需要对项目进行系统分析和全面论证，判断项目是否可行，是否值得投资，要求研究人员进行反复比较，寻求最佳建设方案，避免因项目方案多变而造成人力、物力、财力的巨大浪费和时间延误。

2.1.3 可行性研究的依据

物联网工程项目进行可行性研究的主要依据如下。

（1）国家经济和社会发展的长期规划、部门与地区规划、经济建设的指导方针、任务、产业政策、投资政策和技术经济政策，以及国家和地方性法规等。

（2）经过批准的项目建议书和在项目建议书批准后签订的意向性协议等。

（3）由国家批准的资源报告、国土开发整治规划、区域规划和工业基地规划等。

（4）当地的自然、经济、社会等基础资料。

（5）有关国家、地区、行业的工程技术、经济方面的法令、法规、标准定额资料等。

（6）由国家颁布的项目可行性研究及经济评价有关规定。

（7）包含各种市场信息的市场调研报告等。

可行性研究一般要满足以下两个要求。

（1）必须站在客观、公正的立场进行调查研究，做好基础资料的收集工作。

（2）可行性研究报告的内容深度必须达到国家规定的标准，基本内容要完整，应尽可能多地通过数据资料证实项目可行性，避免粗制滥造和形式主义。

2.2 可行性研究的内容和步骤

2.2.1 可行性研究的内容

物联网工程项目可行性研究内容包括：投资必要性分析、政策可行性研究、市场可行性研究、技术可行性研究、经济可行性研究、社会可行性研究和风险因素控制的可行性研究。

1. 投资必要性分析

投资必要性分析主要根据市场调查及预测的结果和有关的产业政策等因素，论证项目投资建设的必要性。一是要做好投资环境的分析，对构成投资环境的各种要素进行全面的分析论证；二是要做好市场研究，包括市场供求预测、竞争力分析、价格分析、市场细分、定位及营销策略论证。

2. 政策可行性研究

政策可行性分析包括如下内容。

（1）政策支持力度：研究政府对物联网工程项目的支持政策，包括财政补贴、税收优惠、项目资金扶持等，以评估项目在政策方面的可行性。

（2）法律法规环境：分析与物联网工程项目相关的法律法规，如数据保护、网络安全、知识产权等，以确保项目符合法律法规要求，规避法律风险。

（3）行业标准与规范：研究物联网行业的标准与规范，如技术标准、数据格式、接口规范等，以确保项目的技术方案符合行业标准，便于项目与现有系统的兼容和互联互通。

（4）监管政策：研究政府对物联网工程项目的监管政策，如数据安全监管、隐私保护监管等，以确保项目在运营过程中符合监管要求，保障用户的权益。

（5）合作与共建机会：研究政府支持下的合作与共建机会，如与科研机构、高校、企业等的合作，以共同推动物联网工程项目的发展。

3. 市场可行性研究

市场可行性研究包括如下内容。

（1）市场需求分析：了解物联网工程项目在目标市场的需求情况，包括潜在需求、市场规模、消费者对产品的接受程度等，以评估项目的市场潜力。

（2）拟建项目产品市场竞争评估：分析物联网工程项目在目标市场的竞争情况，包括竞争对手、产品差异、市场份额等，以评估项目的市场竞争优势。

（3）拟建项目市场开拓策略：研究物联网工程项目的销售渠道和销售策略，包括直销、分销、零售，以及项目在不同渠道的销售效果和利润率等，以评估项目的销售情况和盈利情况。

（4）价格策略分析：分析物联网工程项目的定价策略，包括成本加成、市场定价、撇脂定价等，以评估项目的定价能力和市场竞争力。

（5）营销策略分析：研究物联网工程项目的营销策略，包括广告宣传、促销活动、社交媒体营销等，以及项目在不同营销渠道的效果和投入产出比，以评估项目的营销能力和市场推广效果。

4. 技术可行性研究

技术可行性研究包括如下内容。

（1）技术可行性评估：评估物联网工程项目所采用的技术方案是否可行的指标，包括技术成熟度、技术可靠性、技术成本等，并考察项目所采用的技术是否符合行业标准和规范，以及是否能够满足项目需求。

（2）技术风险评估：分析物联网工程项目可能面临的技术风险，如技术更新、技术替代、技术瓶颈等，并评估这些风险对项目的影响和应对策略。

（3）技术实施方案评估：评估物联网工程项目的实施方案，包括技术路线、技术架构、技术选型等，以确保项目能够顺利实施并达到预期的技术目标。

（4）技术培训和支持评估：评估项目所需的技术培训和支持，包括人员培训、技术支持等，以确保项目在实施过程中能够得到必要的技术支持、研究人员能得到相应的培训。

（5）技术发展趋势评估：分析物联网技术的未来发展趋势，包括新技术的发展、新应用的出现等，以评估项目在未来市场中的竞争力和发展前景。

5. 经济可行性研究

经济可行性研究包含两个方面：经济实力分析和经济效益分析。经济可行性分析要先进行成本估算，再对项目能否取得效益进行评估，以确定项目是否值得投资开发。

经济可行性研究是项目可行性研究的重要组成部分，它贯穿整个可行性研究的全过程。其根本任务是从国民经济角度，通过全面的成本效益分析、多方案的比较来确定是否接受建设项目并确定最佳的投资方案，为决策者做出投资决策提供科学依据。

经济可行性研究包括投资估算和资金筹措。

投资估算包括以下部分：建筑工程费；设备及工具购置费；安装工程费；工程建设其他费用（二类费用）；基本预备费；涨价预备费；建设期借款利息；流动资金估算；无形资产；其他资产。

（1）建筑工程费是指为建造永久性建筑物和构筑物所需要的费用。

（2）设备及工具购置费包括设备购置原价与设备运杂费。

（3）安装工程费主要由材料费、人工费、运输费、辅助设备费和管理费等构成。

（4）工程建设其他费用包括土地使用费、建设单位管理费、研究试验费、工程勘察和设计费、引进设备材料国内检验费、施工机构迁移费、供配电费、水资源费、工程监理费等。

（5）基本预备费又称为工程建设不可预见费，是指在项目实施过程中可能发生难以预料的支出而事先预留的费用，主要指设计变更及施工过程中增加工程量可能产生的费用，一般由下列 3 项费用构成。

1）在批准的设计范围内，技术设计、施工图设计及施工过程中所增加的工程费用；设计变更、工程变更、材料代用、局部地基处理等增加的费用。

2）一般自然灾害产生的损失和预防自然灾害所采取的措施费用。

3）竣工验收时，为鉴定工程质量对隐蔽工程进行的挖掘和修复费用。

（6）涨价预备费又称为价格变动不可预见费，是因为项目建设周期长，在建设期内可能发生材料、设备、人工等价格上涨引起投资增加而事先预留的费用。以建筑工程费、设备及工具器材购置费、安装工程费之和为基数计算，公式如下

$$PC = \sum_{t=1}^{n} I_t (1 + f)_t - 1$$

式中，PC 为涨价预备费，I_t 为第 t 年的工程费，f 为建设期价格上涨指数，n 为建设期。建设期价格上涨指数按照政府规定执行，没有规定的按照行业或企业规定执行。

（7）建设期借款利息估算

$$有效年利率 = \left(1 + \frac{r}{m}\right)^m - 1$$

式中，r 为名义年利率，m 为每年计息次数。

（8）流动资金是指项目投产后，为进行正常生产运营，用于购买原材料、燃料、支付工资及其他经营费用等必不可少的周转资金。

（9）无形资产包括土地使用权出让金、专有技术、专利及商标使用费、引进专有技术、专利及商标使用费等。

（10）其他资产包括生产人员准备费、办公及生活家具购置费、图纸资料费、银行担保费等。

投资估算可依据以下步骤进行：

（1）分别估算各单项工程所需要的建筑工程费、设备及工器具购置费和安装工程费；

（2）在汇总各单项工程费用的基础上，估算工程建设其他费用；

（3）估算基本预备费和涨价预备费；

（4）加和求得建设投资（不含建设期利息）总额。

最常用的资金筹措方式就是贷款，在进行经济可行性研究时，也要分析资金筹措金额及贷款利率等，根据项目实施规划编制分年投资计划与资金筹措表、建设期借款利息计算表等，用来分析项目的经济可行性。

6. 社会可行性研究

社会可行性研究包括如下内容。

（1）社会影响评估：评估物联网工程项目对社会产生的正面和负面影响，包括就业机会、经济增长、环境保护、社会稳定等方面。

（2）公众接受度评估：了解公众对物联网工程项目的接受程度，包括项目是否符合公众利益、是否符合社会道德和伦理标准等。

（3）社会风险评估：分析物联网工程项目可能面临的社会风险，如社会舆论压力、社会安全问题等，评估这些风险对项目的影响并提出应对策略。

（4）社会效益评估：评估物联网工程项目带来的社会效益，包括提高生活质量、推动社会发展等。

（5）文化适应性评估：评估物联网工程项目是否适应目标市场的文化环境，包括文化背景、文化习惯、文化价值观等。

7. 风险因素控制的可行性研究

对项目的市场风险、技术风险、财务风险、组织风险、法律风险、经济及社会风险等因素进行评价，制订规避风险的对策，为项目全过程的风险管理提供依据。

不同项目的风险因素也是不一样的：对于一些产品定制化的用户，应重点分析技术、经济可行性；对于面向大众的项目，要重点考虑市场、经济因素；对于一些科研项目，应重点考虑经济效益和社会效益。

2.2.2 可行性研究的步骤

1. 可行性研究的阶段

可行性研究分为以下 4 个阶段。

（1）机会研究阶段。

机会研究又称为机会论证，这一阶段的主要任务是提出建设项目投资方向建议，即在一个确定的地区和部门内，根据自然资源、市场需求、国家产业政策和国际贸易情况，通过调查、预测和分析研究，选择建设项目，寻找有利的投资机会。机会研究要解决两个方面的问题：一是社会是否需要；二是单位是否具备可以开展项目的基本条件。机会研究一般从以下 3 个方面开展工作。

1）以开发利用本地区的某一丰富资源为基础，谋求投资机会。

2）以现有工业的拓展和产品深加工为基础，通过增加现有企业的生产能力与生产工序等途径，创造投资机会。

3）以优越的地理位置、便利的交通运输条件为基础，分析各种投资机会。

这个阶段所估算的投资额和生产成本的精确程度控制在±30%，大中型项目的机会研究所需时间为 1~3 个月，所需费用占投资总额的 0.2%~1%。

（2）初步可行性研究阶段。

在项目建议书被有关部门批准后，对于投资规模大、技术工艺又比较复杂的大中型骨干项目，需要先进行初步可行性研究。初步可行性研究也称为预可行性研究，是进行正式的详细可行性研究前的预备性研究阶段，其主要目的如下。

1）确定是否进行详细可行性研究。

2）确定哪些关键问题需要进行辅助性专题研究。

初步可行性研究内容和结构与详细可行性研究基本相同，二者的主要区别是所获资料的详尽程度不同、研究深度不同。这个阶段对建设投资和生产成本的估算精度一般要求控制在±20%，研究时间为4~6个月。

（3）详细可行性研究阶段。

详细可行性研究又称技术经济可行性研究，是可行性研究的主要阶段，是建设项目投资决策的基础。它为项目决策提供技术、经济、社会、商业等方面的评价依据，为项目的具体实施提供科学依据。这一阶段的主要目标如下。

1）提出项目建设方案。

2）效益分析和最终方案选择。

3）确定项目投资的最终可行性和选择依据标准。

这一阶段的内容比较详尽，所花费的时间和精力都比较大。这个阶段建设投资和生产成本计算精度控制在±10%以内；大型项目研究工作所花费的时间为8~12个月，所需费用占投资总额的0.2%~1%；中小型项目研究工作所花费的时间为4~6个月，所需费用占投资总额的1%~3%。

（4）评价和决策阶段。

评价和决策是由投资决策部门组织和授权有关咨询公司或有关专家，代表项目业主和出资人对建设项目可行性研究报告进行全面审核和再评价，其主要任务是对拟建项目的可行性研究报告提出评价意见，最终决策该项目投资是否可行，确定最佳投资方案。项目评价与决策是在可行性研究报告的基础上进行的，其内容如下。

1）全面审核可行性研究报告中反映的各项情况是否属实。

2）分析项目可行性研究报告中各项指标计算是否正确，包括各种参数、基础数据、定额费率的选择。

3）从企业、国家和社会等方面综合分析和判断工程项目的经济效益和社会效益。

4）分析判断项目可行性研究的可靠性、真实性和客观性，对项目做出最终的投资决策。

5）项目评估报告。

2. 可行性研究的过程

可行性研究的过程具体如下。

（1）组织准备。进行项目可行性研究要先组建项目研究团队，负责可行性研究的构想、经费筹集、制订研究计划方案等。其中，项目研究团队的成员包括了解物联网工程项目市场的专家、熟悉物联网工程项目开发的工程技术人员还有熟悉物联网工程项目市场、工程技术、经济管理和经营、善于协调工作的专业人员。

（2）现场调查与资料收集。现场实际调查主要包括对投资现场的自然、经济、社会、技术现状的调查。

（3）开发方案的设计、评价和选择。这一阶段的工作主要是根据项目前期工作的有关成果，结合物联网工程项目现有资源和国家政策等情况，对项目开发方案进行设计、评价、对比优选，确定具体的项目开发方案。当然，选择不同的开发方案，会出现不同的社会经济效益。

（4）详细研究。采用先进的技术经济分析方法，对优选出的项目开发方案进行财务评价、国民经济评价和技术评价等，从而分析项目的可行性。

（5）编写研究报告书。可行性研究报告书是对可行性研究全过程的描述，其内容要与研究内容相同，而且要全面、翔实。

2.3 可行性研究的方法与工具

2.3.1 可行性研究的方法

项目可行性研究中最常见的研究方法如下。

1. 头脑风暴式座谈

头脑风暴式座谈即在项目洽谈初期，项目负责执行人员根据项目的基本信息，组织甲方单位负责人员以座谈方式进行发散式、质疑式询问，以这种方式快速了解项目建设缘由（现状、背景）、建设条件、立项依据、建设意图、设想构思，尽早发现项目建设存在的问题、研究的难点、需建设单位尽快落实的问题，并形成可行性研究的框架思路。

2. 针对性实地调研

这种方法可以拓宽获取资料信息的广度和深度。执行人员深入现场，以专业的角度重新审视项目立项的必要性、可行性，并及时发现现场新的问题，提出解决方案或搜集论证支撑资料。

这种方法可以对已获取的信息进行真伪辨识和认识偏差修正。对于需要深入现状调研的项目，现状情况的真实反映是可行性研究报告立项的依据，也是报告准确可靠的保障。

3. SWOT 分析

SWOT 中各部分的含义如下：S（Strengths），表示项目开发的优势；W（Weaknesses），表示项目开发的劣势；O（Opportunities），表示项目开发存在的机会；T（Threats），表示项目开发存在的威胁。

SWOT 分析是一种评估一个项目、计划或决策的优势、劣势、机会和威胁的工具。这种分析可以帮助人们确定是否应该继续推进一个项目或计划，或者是否需要调整策略。

SWOT 分析即基于内外部竞争环境和竞争条件下的态势分析，就是将与研究对象密切相关的各种主要内部优势、劣势和外部的机会和威胁等通过调查列举出来，把各种因素相互匹配起来加以分析，并从中得出一系列相应的结论，而结论通常带有一定的决策性。

采用 SWOT 进行项目的可行性研究时，要考虑如下政策。

（1）SO 策略：依靠内部优势，利用外部机会。

（2）WO 策略：利用外部机会，弥补内部劣势。

（3）ST 策略：利用内部优势，规避外部威胁。

（4）WT 策略：减少内部劣势，规避外部威胁。

以物联网智能家居项目为例，对其进行 SWOT 分析，如表 2.1 所示。

表 2.1　物联网智能家居项目 SWOT 分析

优势	劣势
技术优势：智能家居项目拥有先进的技术，包括智能家居设备、传感器、物联网技术和云计算平台等，能够提供智能化、高效、便捷的家居生活服务 **市场需求**：随着人们生活水平的提高和技术的发展，智能家居市场需求不断增长，预计其市场潜力巨大 **竞争优势**：智能家居项目已经建立了一定的品牌知名度，并且在产品设计、质量控制、售后服务等方面具有一定的竞争优势	**高成本**：智能家居项目的开发、制造和销售成本较高，需要大量的研发投入和生产成本，可能会导致产品价格较高，影响产品市场竞争力 **安全隐患**：智能家居设备和平台存在被黑客攻击的风险，可能导致用户隐私泄露、设备损坏等问题，可能会影响用户信任度和产品声誉 **法规限制**：智能家居设备需要符合相关的法律法规要求，包括数据隐私、电磁辐射等，可能会对产品的设计和销售产生限制
机会	**挑战**
市场增长：智能家居市场预计将持续增长，尤其是随着人们对便捷、高效、安全、智能化家居生活需求的不断增加，预计其市场潜力巨大 **技术创新**：随着物联网技术、云计算、人工智能等技术的不断发展，智能家居设备和服务的功能和性能将会不断提高，可能会带来更多的商机 **合作伙伴**：智能家居项目可以与其他企业、平台、服务提供商等建立合作关系，共同推动市场的发展和产品的创新	**竞争压力**：智能家居市场存在激烈的竞争，包括来自已经在市场上占有一定份额的企业以及新进入市场的竞争者，可能会对产品的定价和销售产生压力 **技术风险**：随着物联网技术、人工智能等技术的不断发展，市场上可能会出现更加先进和创新性的智能家居产品，这可能会对现有产品的市场份额和利润产生威胁 **经济风险**：智能家居市场受经济环境的影响较大，如果经济环境不稳定或者发生严重的经济危机，可能会对市场需求和产品销售情况产生负面影响 **消费者态度**：消费者对智能家居产品和服务的态度可能会影响市场需求和产品销售的结果，如果消费者对智能家居产品的需求和接受程度不高，可能会影响市场的发展和产品的销售

4. PEST/PESTEL 分析

PEST 分析是指宏观环境下的分析，P 是政治（Politics），E 是经济（Economy），S 是社会（Society），T 是技术（Technology）。在分析一个企业所处的外部环境的时候，通常是通过这 4 个因素来分析企业集团所面临的状况。

（1）政治因素（Political）：是指对组织经营活动具有实际与潜在影响的政治力量和有

关的政策、法律及法规等因素。

（2）经济因素（Economic）：是指组织外部的经济结构、产业布局、资源状况、经济发展水平以及未来的经济走势等。

（3）社会文化因素（Sociocultural）：是指组织所在社会中成员的历史发展、文化传统、价值观念、教育水平以及风俗习惯等因素。

（4）技术因素（Technological）：不仅包括那些引起革命性变化的发明，还包括与企业生产有关的新技术、新工艺、新材料及发展趋势。

在现在的项目分析过程中，有时还会考虑环境（Environmental）和法律（Legal）因素，因此又称为 PESTEL 分析。

（1）环境因素（Environmental）：一个组织的活动、产品或在服务中能与环境发生相互作用的要素。

（2）法律因素（Legal）：组织外部的法律法规、司法状况和公民法律意识所组成的综合系统。

进行 PEST/PESTEL 分析需要掌握大量、充分的研究资料，并且对所分析的企业有着深刻的认识，否则这种分析很难进行下去。

2.3.2　可行性研究的工具

通过可行性研究确定目标系统的过程如图 2.1 所示。

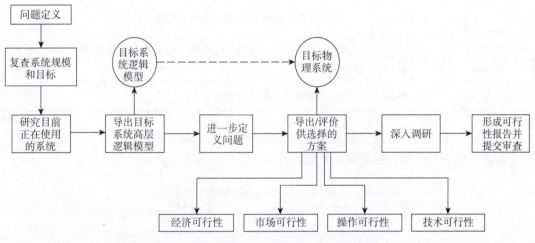

图 2.1　通过可行性研究确定目标系统的过程

根据问题定义复查系统规模和目标，确认问题定义是否正确，研究目前正在使用的系统，根据当前问题定义和已有系统导出目标系统的逻辑模型，通过对逻辑模型的进一步研究确定问题定义是否正确，并进行经济可行性、市场可行性、操作可行性、技术可行性等方面的研究，导出可供选择的方案，并得出目标物理系统。

在此过程中，可以通过系统流图来帮助用户分析建立的目标系统的物理模型是否合理。

系统流图（System Flow Diagram，SFD）是描述系统处理流程的一种图形化工具。它用图形符号以黑盒子的形式描绘系统内部的各个部件，包括程序、文件、数据库、表格和人工过程等，并清晰地表达信息在这些部件之间的流动情况。系统流图的常用符号如表2.2所示。

表 2.2　系统流图的常用符号

符号	名称	说明
▭	处理	能改变数据值或数据位置的加工或部件，如程序模块、处理机等都是处理
▱	输入/输出	指输入或输出，是一个广义的不指明具体设备的符号
◯	连接	指转到图的另一部分或从图的另一部分转来，通常在同一页上
⬠	换页连接	指转到另一页或由另一页转来
→	数据流	用来连接其他符号，指明数据流动方向
▽	文件	通常表示打印输出，也可表示打印端输入数据
◻	联机存储	表示任何种类的联机存储，包括磁盘、软盘和海量存储器件等
⬭	磁盘	磁盘输入或输出，也可表示存储在磁盘上的文件或数据库
⬡	显示	显示器或类似的显示部件，可用于输入或输出，也可既输入又输出
▱	人工输入	人工输入数据的脱机处理，如填写表格
▽	人工操作	人工完成的处理，如会计在工资支票上签名、辅助操作使用设备进行的脱机工作
⚡	通信链路	通过远程通信或链路传送数据

绘制物理系统模型可以帮助系统分析员全面了解系统实施的可行性，如技术上是否可行、经济上是否可行等。智能家居系统的系统流图，如图2.2所示。

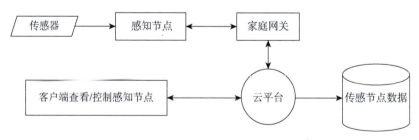

图 2.2　智能家居系统的系统流图

在系统分析过程中，如果一个系统比较复杂，通过顶层系统流图无法对系统的具体业务做出评估，则可以将一个系统按照模块或层次进行分解，逐步给出每个子系统的系统流图。例如，智能家居系统中的家庭网关部分，可以继续给出其系统流图，如图2.3所示。

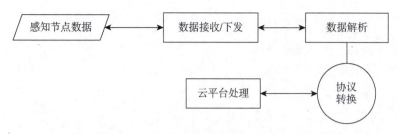

图 2.3　家庭网关的系统流图

2.4　可行性研究报告的撰写

可行性研究结束后，要编制可行性研究报告。在编制可行性研究报告时，必须有一个分析结论，结论可以是以下内容：

（1）项目可以立即开始实施；

（2）项目需要推迟到某些条件（如资金、人力、设备等）落实之后才能开始实施；

（3）项目需要对开发目标进行某些修改之后才能开始实施；

（4）项目不能实施或不必实施（如因为技术不成熟、经济上不合算等）。

下面是一个物联网工程项目可行性研究报告的目录，可作为编制可行性报告的模板。根据项目的不同，可对其中内容进行相应调整。

×××物联网工程项目可行性研究报告

第 1 章　总论

  1.1　项目名称

  1.2　项目承建单位

  1.3　项目主管部门

  1.4　项目拟建地区、地点

  1.5　主要技术、经济指标

  1.6　可行性研究报告的编制依据

第 2 章　项目背景和发展概况

  2.1　项目提出的背景

  2.2　项目发展概况

  2.3　项目建设的必要性

    2.3.1　现状与差距

    2.3.2　发展趋势

    2.3.3　项目建设的必要性

    2.3.4　项目建设的可行性

  2.4　投资的必要性

第 3 章　市场分析

  3.1　行业发展情况

2.5　物联网工程项目招标

项目通过可行性审批后，即可投入建设，根据项目的规模进行项目招投标。

2.5.1　招标概述

1. 招投标概念

工程项目招投标是指建设单位对拟建的工程发布公告，通过法定的程序和方式吸引建设项目的承包单位，承包单位通过竞争，由建设单位从中选择条件优越者来完成工程建设任务的法律行为。

《中华人民共和国招标投标法》中明确规定，招标公告是要约邀请。也就是说，招标实际上是邀请投标人对其提出要约，属于要约邀请。投标则是一种要约，它符合要约的所有条件，如具有缔结合同的主观目的。一旦中标，投标人将受投标书的约束。投标书的内容具有足以使合同成立的主要条件等。招标人向中标的投标人发出的中标通知书，表示招标人同意接受中标的投标人的投标条件，即同意接受该投标人的要约的意思表示，应属于承诺。

《中华人民共和国招标投标法》中要求"在中华人民共和国境内进行下列工程建设项目包括项目的勘察、设计、施工、监理以及与工程建设有关的重要设备、材料等的采购，必须进行招标"。这些工程建设项目包括以下内容。

（1）大型基础设施、公用事业等关系社会公共利益、公众安全的项目。

（2）全部或者部分使用国有资金投资或者有国家融资的项目。

（3）使用国际组织或者外国政府贷款、援助资金的项目。

在物联网工程项目招投标中，甲方是指招标方，即需求方或委托方，是物联网工程项目的建设单位，通常是提出项目需求并需要招标人响应的一方。甲方负责制订招标文件，明确项目要求、技术规格、质量标准、合同条款等，并邀请投标人参与竞标。

乙方是投标方，即响应招标的一方，通常是供应商、承包商或服务提供商，指的是物联网工程项目的承建单位。

投标方按照招标方的要求，在规定的期限内向招标方发出的包括合同全部条款的意思表示。建设工程投标指投标方在同意招标方拟定好的招标条件的前提下，对招标项目提出自己的报价和相应条件，通过竞争被招标方选中的行为。

2. 招标形式

招标可分为公开招标和邀标两种形式。

（1）公开招标。

公开招标可通过媒体征询或委托工程招投标专业机构进行，属于无限制性竞争招标。它是指采购方（或招标方）按照法定程序，通过发布招标公告，邀请所有不特定的潜在供应商（或投标方）参加投标，采购方（或招标方）通过招标文件确定的标准，从所有投标单位中择优评选出中标单位，并与之签订政府采购合同（或采购合同）的一种采购（或招标）方式。公开招标的主要方式包括招标公告、招标文件、竞价采购等。招标公告通常会在媒体上发布，详细说明采购物品或服务的规格、数量、质量要求和投标截止日期等信息。招标文件则更为详细，包括技术要求、质量要求、投标截止日期和投标保证金等信息。竞价采购则是一种更为灵活的招标方式，招标方会发布采购清单，投标方可以根据清单要求进行报价。

必须公开招投标的物联网工程项目主要有3类：国家重点项目；省、自治区、直辖市人民政府确定的地方重点项目；国有资金控股或者占主导地位的项目。

（2）邀标。

邀标一般适用于规模较小、造价不高、需要尽快施工的小型物联网工程项目，一般邀请知名或者有过业务往来的企业参加，招标方通过公开的标书论证，从施工资质、施工经验、技术能力、企业信誉、工程造价等方面全面衡量参与的企业，汰劣选优，最终确定中标的企业。

招标方采用公开招标方式的，应当发布招标公告；招标方采用邀请招标方式的，应当向3个以上具备承担招标项目的能力、资质良好的特定法人或其他组织发出投标邀请书。

项目招投标流程如图2.4所示。

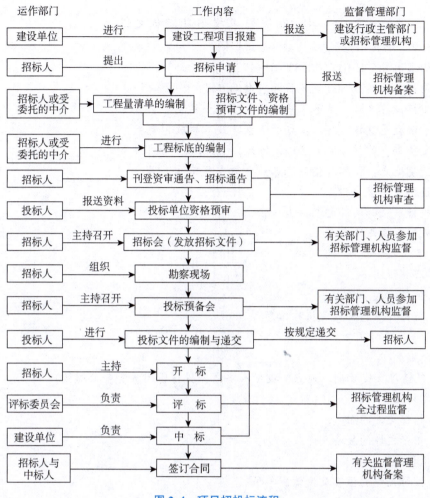

图 2.4　项目招投标流程

2.5.2　招投标程序

按照招标文件要求，在提交投标文件截止时间至少 15 日前，招标方可以书面形式对发出的招标文件进行必要的澄清或修改。开标由招标方主持，招标方设有标底的，标底必须保密。

招标方应当确定投标方编制投标文件所需的合理时间。自招标文件发出之日起至提交投标文件截止之日止，不得少于 20 日。

招标方和中标方应当自中标通知书发出之日起 30 日内，按照招标文件和中标方的投标文件订立书面合同。

投标方在招标文件要求提交投标文件的截止日期前，可以补充、修改或撤回已提交的投标文件，并以书面形式通知招标方。

两个以上法人或其他组织可以组成一个联合体，以一个投标方的身份共同投标。由同一专业组成的联合体的资质等级，以资质较低的企业为准。

招标文件内容参考如下。

×××物联网工程项目招标文件

第1章 招标书

1. 标书编号：HBHY(2015)-01-172

2. 招标文件售价 500 元人民币，售后不退

3. 招标设备名称：见第 3 章 技术参数和要求

4. 采购数量及技术要求：见第 3 章 技术参数和要求

5. 交货期：签订合同后 30(日历天)完成并交付验收

6. 交货地点：招标人指定地点，见第 3 章其他说明

7. 投标人要求

8. 投标截止时间及要求

9. 开标时间与地点

10. 有关报价说明

11. 有关说明

12. 付款方式

13. 招标人及招标代理机构信息

第2章 投标须知

1. 总则

(分包情况及交货期、地点、投标人要求、投标费用、资金来源等)

2. 招标文件

(1)招标文件的组成。

(2)招标文件的澄清或修改。

3. 投标文件的编制

(1)投标文件的语言及度量衡单位。

(2)投标文件的构成。

(3)投标文件格式。

(4)投标报价。

(5)投标货币。

(6)投标的有效期。

(7)投标文件的份数和签署。

(8)投标保证。

4. 投标文件的提交

5. 开标、评标和定标

6. 合同的授予

(1)合同授予标准。

(2)中标通知。

(3)合同协议书的签订。

第3章 技术参数和要求

1. 详细招标参数

2. 其他说明

第4章　合同条款

甲方：

乙方：

经统一公开招标，乙方为　　　　的供货方，根据招标文件的有关要求以及乙方投标文件中的承诺，经甲方、乙方友好协商，达成以下约定。

第一条：产品的名称、型号、规格、数量、价格。

第二条：乙方应提供的技术文件和资料。

第三条：质量保证及质保期限。

第四条：交货期。

第五条：包装与验收。

第六条：售后服务。

第七条：付款方式。

第八条：违约责任。

第九条：其他。

第十条：解决纠纷的方式。

第十一条：合同附件。

下列文件属本合同的依据和附件，具有同等的法律效力：

(1)中标人的投标文件、澄清文件；

(2)中标通知书；

(3)双方法人或授权代表签字并指明的书面文件。

第5章　评标办法和标准

第6章　投标文件格式

思考题

1. 哪些物联网工程项目必须进行招投标？
2. 如何进行一个项目的可行性研究？
3. 根据《中华人民共和国招标投标法》的规定，什么样的项目需要进行招投标？
4. 可行性研究的依据有哪些？
5. 可行性研究的方法有哪些？
6. 技术可行性包括哪些内容？

第二篇　物联网工程项目管理

第 3 章

物联网工程项目管理概述

项目任务

- 梳理物联网工程项目的建设流程
- 组建项目团队
- 对选定物联网工程项目进行建设规划、人员分配，建立项目管理日志

3.1 项目管理的特点和内容

3.1.1 项目管理的特点

项目管理是在既定的约束条件下，为最优地实现项目目标，根据项目的内在规律，对项目生命周期全过程进行有效的计划、组织、指挥、控制和协调的系统管理活动，是一个过程。

1. 实施项目管理的好处

（1）提高效率。项目管理可以优化项目的规划、执行和控制过程，提高项目实施的效率和效果。

（2）降低风险。项目管理可以识别和评估项目风险，并采取措施减轻和规避风险，降低项目风险。

（3）加强沟通。项目管理可以通过沟通计划和渠道，增强项目利益相关者之间的合作，提高项目的成功率。

（4）创造价值。项目管理可以帮助项目团队更好地理解项目的目标和需求，提高项目的价值，获得更多的回报。

2. 项目管理的特点

（1）项目管理的目标明确。

每个项目都具有特定的管理程序和管理步骤，项目管理的目标就是要满足业主提出的各项要求。

（2）项目管理是以项目经理为中心的管理。

由于项目管理具有较大的责任和风险，并且项目管理是开放式的管理，管理过程中会涉及企业内部各个部门之间的关系，同时还需要处理与外单位的多元化关系，其管理涉及人力、技术、设备、资金等多方面因素。为了更好地进行计划、组织、指挥、协调和控制，必须实施以项目经理为中心的管理模式，由项目经理承担项目实施的主要责任，在项目实施过程中授予项目经理较大的权力，使其能及时处理项目实施过程中出现的各种问题。

（3）项目管理应综合运用多种管理理论和方法。

现代项目，特别是大型项目，都是一个庞大的系统工程，横跨多学科、多领域。要使项目圆满地完成，就必须综合运用现代化管理方法和科学技术，如决策技术、网络与信息技术、网络计划技术、价值工程、系统工程、目标管理等。

（4）项目管理过程中实施动态管理。

项目管理的目的是保证项目目标顺利实现，在项目实施过程中采用动态控制的方法，阶段性地检查实际值与计划目标值的差异，采取措施纠正偏差，制订新的计划目标值，使项目的实施结果逐步向最终目标逼近。

3.1.2　项目管理的内容

项目管理大致包括以下 9 个方面的内容

（1）范围管理（Scope）：包括项目背景描述、项目目标确定、项目范围规划及项目定界、工作分解结构（Work Breakdown Structure，WBS）、项目各项资料整理等。

（2）进度管理（Time）：包括项目工作时间估计、项目进度计划、进度计划实施、项目进度控制等。

（3）成本管理（Cost）：包括项目资源计划、费用估计预算、成本计划和控制、费用决算和审计等。

（4）质量管理（Quality）：包括项目质量计划、质量保证方案、质量控制、质量验收等。

（5）沟通管理（Communication）：包括信息管理、冲突协调等。

（6）风险管理（Risk）：包括风险识别、评估和监控等。

（7）人力资源管理（Human Resource）：包括项目组织设置、激励机制设计、项目团队建设、项目绩效考核等。

（8）采购管理（Procurement）：包括采购计划、招投标管理、合同管理等。

（9）综合管理（Integration）：包括其他管理，如安全、监理、法律法规等。

在后续章节中，将针对以上主要管理环节进行讲解。

3.2　项目管理的类型和工程设计文件

3.2.1　项目管理的类型

根据建设性质、投资用途、管理主体的不同，物联网工程项目管理可分为不同的类型：按建设性质不同，可分为新建项目、扩建项目、改建项目、恢复项目和迁建项目等；按投资用途不同，可以分为生产性建设项目和非生产性建设项目；按管理主体不同，可分为业主方的项目管理、设计方的项目管理和施工方的项目管理。

下面详细介绍业主方的项目管理、设计方的项目管理及施工方的项目管理过程。

1. 业主方的项目管理

业主方(又称为甲方或建设单位)的项目管理是由建设单位实施的工程项目管理，业主是管理主体，它的管理活动包括组织协调、合同管理、信息管理、投资/质量/进度目标的控制等，其目的是追求最佳的经济效益和使用效益，实现投资目标。

工程项目的建设过程包括项目的决策阶段和实施阶段，业主方在这两个阶段的任务如下。

(1)项目的决策阶段。

1)提出项目建议书。项目建议书是业主向国家或上级主管部门提出要求建设某一工程项目的建议文件。在项目建议书中，需要说明拟建项目的必要性和可能性，并介绍工程项目的概况。

2)进行可行性研究。进行可行性研究的目的是分析和论证在技术上和经济上是否能满足工程项目的建设要求，讨论建设阶段可能遇到的各种问题，研究如何解决的方法，以及分析建设该工程项目经济效益和社会效益的大小等。最终形成可行性研究报告，提交上级部门审批，为项目决策提供依据。

3)立项决定。立项决定是在可行性研究报告被国家或上级主管部门审查批准后，业主最后做出的正式项目确立决定。被审批的可行性研究报告，不得随意修改和变更，它是工程项目初步设计的依据。

(2)项目的实施阶段。

项目的实施阶段包括需求分析、设计、施工和终结阶段。

1)需求分析阶段。

开发人员经过深入细致的调研和分析，准确理解用户和项目的功能、性能、可靠性等具体要求，将用户非形式的需求表述转化为完整的需求定义，确定项目的目标和范围。

2)设计阶段。

通常业主通过招标或直接委托相关单位进行项目设计。编制设计文件时，应根据批准的可行性研究报告、需求分析报告，将建设项目要求具体化，绘制编写指导施工的设计说明书。

3)施工阶段。

①组织项目施工招标。

②协助施工单位做好各个阶段的生产准备。

③做好各软硬件产品的开发。

④对各施工阶段进行监督与控制。

4)终结阶段。

①进行竣工验收。工程项目建设完成后，施工单位要先进行自检自评，认为工程质量已达到验收标准以及合同要求后，提出竣工验收申请，再由业主、设计、施工和监理等单位共同检查正式验收，合格后报送上级主管部门批准。

②编制竣工结算书、决算书。

③核定资产。核定资产即将全部建设投资形成的所有资产，根据其性质进行分类核定。编制交付使用的财产总表和明细表。

④交付使用与后评定。工程项目建设全部完成后，将按单项工程、单位工程组织分期分批验收和交付使用，并在交付使用后的一定时期内，对工程项目目标、项目运行情况、经济效益等各项技术经济指标进行后评定。

2. 设计方的项目管理

设计方的项目管理主要服务于项目的整体利益和设计方本身的利益，项目管理的目标包括设计的成本目标、设计的进度目标、设计的质量目标，以及项目的投资目标。设计方的项目管理工作主要在设计阶段进行，但也涉及设计前的准备阶段、施工阶段、动工前准备阶段和保修期。

设计方项目管理的任务包括与安全管理有关的设计(这是非常重要的，其结果必须对提供的设计文件是否符合安全法规负责)、设计成本控制(本身的)和与设计工作有关的工程造价控制(整体的)、设计进度控制、设计质量控制、设计合同管理、设计信息管理、与设计工作有关的组织和协调。

3. 施工方的项目管理

施工方项目管理主要包括以下内容。

(1)施工成本控制。施工成本管理就是要在保证工期和质量满足要求的前提下，采取一定的措施，把成本控制在计划范围内，并进一步寻求最大限度地成本节约。施工成本管理的任务主要有成本预测、成本计划、成本控制、成本核算、成本分析和成本考核。

(2)施工项目进度控制。在进度计划编制方面，施工方应视项目的特点和施工进度控制的需要，编制深度不同的控制性、指导性和实施性施工进度计划。

(3)施工质量管理。施工方需要依据质量标准，对施工过程进行全程监控，确保工程质量达到预定的目标。

(4)施工安全管理。施工方需要对施工现场的安全进行管理，防止安全事故的发生，保护施工人员的人身安全。

(5)施工合同管理。施工方需要依据合同规定履行义务，同时也有权要求对方履行义务，对于违约行为，有权要求赔偿。

(6)施工信息管理。施工方需要对项目的信息进行管理，包括收集、存储、处理和交流，以便进行决策和信息的传递。

与施工有关的组织和协调：施工方需要与业主、设计方、供应商、分包商等进行有效的沟通和协调，以保证项目的顺利进行。

3.2.2 工程设计文件

在物联网工程项目的实施过程中，会产生相应的设计文件，这些文件也要作为项目交付的一部分。设计文件是指根据批准的设计任务书，按照国家的有关政策、法规、技术规范，考虑拟建工程的可行性、先进性及其社会效益、经济效益，结合客观条件并应用相关的科学技术成果和长期积累的实践经验，按照建设项目的需要，利用查勘、测量所取得的基础资料和国家技术标准等，把可行性研究中推荐的最佳方案具体化，能够为工程施工提供依据的文件。设计文件是决定项目建成投产以后能否发挥经济效益的重要保证，是物联网工程项目建设中的重要环节。

1. 工程设计方式

根据项目的规模、性质等的不同,工程设计方式可以分为以下 3 种。

(1)大型、特殊工程项目或技术上比较复杂而缺乏设计经验的项目,采用初步设计、技术设计、施工图设计这种三阶段设计。

(2)一般大中型工程采用两阶段设计,即初步设计和施工图设计。

(3)小型工程项目(如设计施工比较成熟的室内物联网工程项目)只有施工图设计这一个阶段。

2. 项目设计文件

编制设计文件的目的是使设计任务具体化,并为工程的施工、安装建设提供准确而可靠的依据。设计文件的主要内容一般由设计说明文件、概预算文件和图样 3 个部分组成。

(1)设计说明文件。

设计说明应通过简练、准确的文字反映该工程的总体概况,如工程规模、设计依据、主要工作量及投资情况、对各种可选用方案的比较及结论、单项工程与全程全网的关系、物联网系统的配置和主要设备的选型等。

(2)概预算文件。

建设工程项目的设计概预算是初步设计概算和施工图设计预算的统称,是以初步设计和施工图设计为基础编制的。编制时,应按相应的设计阶段进行。当建设项目采用两阶段设计时,在初步设计阶段编制概算,在施工图设计阶段编制预算;采用三阶段设计是在两阶段设计的基础上增加技术设计阶段,技术设计阶段应编制修正概算;采用一阶段设计时,只编制施工图预算。概预算是确定和控制固定资产投资规模、安排投资计划、确定工程造价的主要依据,也是签订承包合同、实行投资包干及核定贷款额及结算工程价款的主要依据,又是筹备设备、材料,签订订货合同和考核工程设计技术、经济合理性及工程造价的主要依据和设计文件的重要组成部分。

(3)图样。

设计文件中的图样是用符号、文字和图形等形式表达设计者意图的文件。不同的工程项目,图样的内容及数量不尽相同。因此,要根据具体工程项目的实际情况,准确绘制相应的图样。

在物联网工程项目中,经常会涉及软硬件开发、工程实施、交付使用、维护等过程,因此一个物联网工程项目的设计文件除了以上的工程项目文件之外,还会涉及软件开发过程设计文件、硬件开发过程设计文件等。

3.3 项目干系人

项目干系人指参与该项目工作的个体和组织,或由于项目的实施与项目的成功,其利益会直接或间接地受到正面或负面影响的个人和组织。项目管理工作组必须识别哪些个体和组织是项目的干系人,确定其需求和期望,然后设法满足和影响这些需求、期望,以确保项目成功。每个项目主要涉及的人员包括用户、项目投资人、项目经理、产品经理、项目组成员、高层管理人员、反对项目的人、施加影响者。下面介绍几个常见的项目干系人。

3.3.1 用户

项目干系人中的用户是会使用项目产品的组织或个人。由于与项目有关的不同用户在项目范围、时间、费用、质量及其他目标上的要求不尽相同，而且在多数情况下，用户的要求与项目确定或可能实现的目标往往也不完全一致，因此项目管理就要充分考虑各类用户的利益，采取措施进行协调，以求达到均衡，尽量满足用户的要求。项目的有关用户是项目的利害关系者，是那些积极参与该项目的个人和组织。项目管理者必须知道用户的需要和期望，按照这些目标和目的，对项目进行管理并施加影响，确保项目获得成功。

一般项目的用户及其要求有以下几类：

(1)业主：要求项目投资少、收益高、时间短、质量好等。

(2)咨询机构：要求报酬合理、支付按时、进度宽松、提供信息资料及时、决策迅速等。

(3)承包商：要求利润优厚、及时提供施工图样、变更少、原材料和设备及时送达、可自行选择建筑方案、不受其他承包商干扰、不会引起负面舆情、支付进度款及时、发放执照迅速、提供及时的服务等。

(4)供货商：要求项目所需材料规格明确、非标准件少、质量要求合理、供货时间充裕、利润优厚等。

(5)金融机构：要求贷款安全、按预定日期支付、项目能盈利和及时清偿债务等。

(6)公众：要求项目建设和运营期间无公害与污染、社会效益明显、项目产出的产品或提供的服务优良、价格或收费合理等。

(7)政府机构：要求项目要与政府的目标、政策和国家立法相符合等。

(8)施工单位：要求施工图样及时送达、设计变动小、原材料和设备及时送到工地、建设指令明确、进度宽松、无其他承包商干扰、提供服务及时、肯定工作成绩等。

3.3.2 项目经理

项目经理是负责管理项目的人。项目经理是负责施工管理和施工合同履行的代表，是项目的直接负责人。确定项目经理时，应考虑项目的难度、特点、工作量、工期要求及工程地点等要素。具有承担相应项目的能力和完成类似项目的经验是成为项目经理必不可少的条件，一般要求工程师以上的技术人员担任项目经理。对于大型项目或涉及工序较多的项目，根据实际需要，可按子项目分类设立子项目经理。项目经理在单位生产主管的直接领导下工作，项目经理的主要权限和职责如下。

(1)根据项目工作需要组成项目组，报生产主管批准，对项目实施的质量、工期和安全等负责。

(2)负责制订技术实施方案、工作计划、成本计划、质量安全保证措施和设备使用计划，经生产主管批准后，组织项目的全面实施。

(3)负责填报项目进展情况统计表等施工文件。

(4)组织成果质量自检，负责将全部成果提交质管部门审查，并按照有关要求，处理质量管理部门和用户发现的需要解决的问题。

(5)负责项目技术报告的编写和成果归档。

(6)负责项目组人员的津贴与奖励的分配。

3.3.3　产品经理

产品经理(Product manager，PM)也称为产品企划，是指在公司中针对某一项或是某一类产品进行规划和管理的人员，主要负责产品的研发、制造、营销、渠道等工作。产品经理是一个很难定义的角色，如果用一句话定义，那么产品经理是为终端用户服务，负责产品整个生存周期的人。产品经理负责的工作如下。

1. 设定战略

高级别的产品经理负责设定产品的愿景和战略方向。产品经理需要能够清楚地阐明给定计划或功能的业务案例，以便团队理解构建该计划或功能。

战略规划包括规划主要的投资领域，以便可以优先考虑最重要的内容并实现产品目标，以及给定产品路线图——一个可视化的用于定义将交付什么以及何时交付的时间线。

2. 市场调研

产品经理需要对市场进行充分调研，也就是帮助业主在市场上展开分析，利用所得的数据证明项目是否可行，以及能否给企业创造收益。倘若项目可以做，就要分析用户有哪些特定人群以及市面上其他产品的运行情况，也就是前期调研。

3. 了解用户需求

确定好产品调研之后，接下来就是了解用户需求。用户需求主要来自用户，不能凭空捏造，因此产品经理需要通过各种途径了解消费者的个性化与多样化需求，在此基础上才能获得全面的结果。

4. 确定优先级

产品经理应根据战略目标和计划对功能进行排序，从而确定其优先级。产品经理必须根据新功能将为用户带来的价值做出决策。

产品经理还负责定义特色需求和期望的用户体验。产品经理在技术规范方面与工程部密切合作，并确保团队拥有向市场交付完整产品所需的所有信息。

5. 支持用户需求

产品经理需要深入理解用户，必须能够挖掘用户的潜在需求或真实需求，并对需求的价值进行判断。如果在确保产品正确瞄准市场方面存在问题，产品经理必须支持用户的需求。

工程团队经常认为用户很容易理解他们构建的解决方案，但事实并不是这样。一个成功的产品经理能够利用用户反馈来评估是否为用户提供了足够的指导。

产品经理将始终牢记业务目标，并在决策过程中发挥关键作用，以确保产品满足用户的需求。

6. 产品设计

产品设计也是产品经理的工作内容。通过市场调研了解用户需求之后，产品经理就开始确认具体的产品设计规划，然后进行策略的调整优化，对具体的方案进行梳理。

7. 产品测试

随着产品设计接近尾声，产品经理负责运行测试版和试点项目，他们还要反复审查已完成的工作，确保产品满足用户期望，并根据需要监督产品的后期迭代。为此，产品经理应该熟悉敏捷框架，以获得快速反馈并做出调整。产品经理需要了解在试点项目中取得的成功，并通过解释用户反馈，帮助工程团队了解如何在未来的迭代中改进产品。

8. 产品销售

产品设计完成之后，就要进行销售。任何产品都需要销售到消费者手中，不管是在线销售还是线下销售，都要通过各种途径提升销量。

9. 人员协调

协调也是产品经理日常的工作内容，由于企业内部职能分工不同，产品经理需要协调不同部门以及不同职能的人员，确保他们彼此之间通力合作，为企业创造最佳收益。

10. 做一个好的呈现者

产品经理的大部分职责是提供完整的报告和文件，包括业务案例、市场需求文件和产品路线图等。产品经理还需要进行其他研究，如案例研究、产品比较和竞争对手分析。为了有效传达用户需求，产品经理需要成为一个会"讲故事"的人，懂得使用数据和指标来支持业务。

3.4 施工及工程监理

1. 施工

施工是按施工图设计的内容、合同书的要求和施工组织设计文件，由施工总承包单位组织与工程量相适应的一个或几个持有物联网工程施工资质证书的施工单位进行施工。

施工单位应按批准的施工图设计进行施工。在施工过程中，对隐蔽工程，在每一道工序完成后，应由建设单位委派的物联网工程监理工程师进行验收，验收合格后才能进行下一道工序。

2. 工程监理

工程监理即指具有相应资质的工程监理企业，接受建设单位的委托，承担其项目管理工作，并代表建设单位对承建单位的建设行为进行监控的专业化服务活动。其特性主要表现为监理的服务性、科学性、独立性和公正性。工程监理既不属于建设方，也不属于承建方，而是属于有资质的第三方。

建设工程监理可以是建设工程项目活动的全过程监理，也可以是建设工程项目某一实施阶段的监理，如设计阶段监理、施工阶段监理等。

监理单位与项目法人之间是委托与被委托的合同关系，与被监理单位是监理与被监理的关系。

监理单位应按照"公正、独立、自主"的原则，开展工程建设监理工作，公平维护项目法人和被监理单位的合法权益。

3.5 项目的实施过程

在物联网工程项目的实施过程中，要利用科学的方法对项目进行管理。从管理的角度，物联网工程项目的实施过程包括立项阶段、实施阶段和验收阶段，如图 3.1 所示。

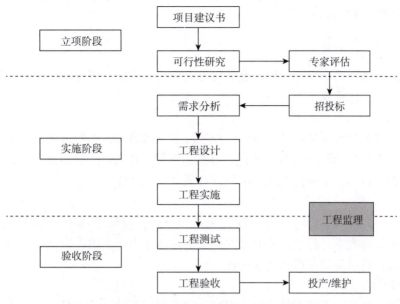

图 3.1　物联网工程项目的实施过程

3.5.1　立项阶段

立项阶段是物联网工程项目实施的第一阶段，这一阶段的主要任务是进行项目分析和评估。

1. 项目建议书

项目建议书是对拟建项目的一个轮廓设想，主要作用是说明项目建设的必要性、条件的可行性和获利的可能性。建立项目建议书是工程建设程序中最初阶段的工作。项目建议书的内容包括：项目提出背景、建设的必要性和主要依据；建设规模、地点等初步设想；工程投资估算和资金来源；工程进度和经济、社会效益的估计。

2. 可行性研究

在项目建议书被计划部门批准后，对于投资规模大、技术比较复杂的大中型项目，需要先进行初步可行性研究。可行性研究需要根据国民经济长期规划和地区、行业规划的要求，对拟建项目在技术上是否可行、经济上能否盈利、环境上是否允许和项目建成需要的时间、资源、投资、资金来源和偿还能力等进行全面系统的分析、论证与评价。

3. 专家评估

可行性研究完成后，由项目主要负责部门组织有理论、有实际经验的专家，对可行性研究报告的内容进行评价。其主要任务是对拟建项目的可行性研究报告提出评价意见，最终决策该项目投资是否可行，确定最佳投资方案。项目评价与决策是在可行性研究报告的基础上进行的，其内容包括以下 5 点。

（1）全面审核可行性研究报告中反映的各项情况是否属实。

（2）分析项目可行性研究报告中各项指标计算是否正确，包括各种参数、基础数据、定额费率的选择。

（3）从企业、国家和社会等方面综合分析和判断项目的经济效益和社会效益。

（4）分析判断项目可行性研究的可靠性、真实性和客观性，对项目做出最终的投资决策。

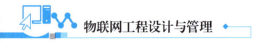

（5）写出项目评估报告。

3.5.2 实施阶段

在立项阶段结束后，根据工程的预算将进入到实施阶段。实施阶段包括招投标、需求分析、工程设计、工程施工等环节。

1. 招投标

招投标是基本建设领域促进竞争的全面经济责任制形式，一般由若干施工单位参与工程投标，招标单位（建设单位）择优入选，谁的工期短、造价低、质量高、信誉好，就把工程任务包给谁，由承建单位与发包单位签订合同，一包到底。

2. 需求分析

需求分析是开发人员经过深入细致的调研和分析，准确理解用户和项目的功能、性能、可靠性等具体要求，将用户非形式的需求表述转化为完整的需求定义，确定系统必须做什么的过程，包括需求获取和需求论证。

3. 工程设计

工程设计是物联网工程项目的核心内容，它是利用各种设计工具，依据需求分析设计出符合要求和目标的物联网工程项目。工程设计包括感知层设计、系统架构设计、网络设计和应用软件架构及软件工程等相关内容。

4. 工程实施

工程实施主要包括依据项目需求规格说明书，按照项目设计结果进行项目实施的过程。

3.5.3 验收阶段

项目验收也称为范围核实或移交，它是核查项目计划规定范围内各项工作或活动是否已经全部完成，可交付成果是否令人满意，并将核查结果记录在验收文件中的一系列活动。在项目验收阶段，应依据项目的原始章程和合法变更行为，对项目成果和之前全部的活动过程进行审验和接收。

3.6 项目管理日志

项目管理日志是项目管理中的重要工具，用于记录项目建设过程中的关键信息、决策、问题和解决方案。它可以帮助团队成员追踪项目进度、记录重要会议内容、跟踪问题和风险，以及记录决策过程。

项目管理日志的作用主要体现在以下 4 个方面。

1. 追踪项目进度

通过项目管理日志，团队成员可以及时了解项目的进展情况，确保项目按计划进行。

2. 记录关键信息

项目管理日志会记录项目中的关键事件、决策和问题，以及相应的解决方案，这为项目的顺利进行提供了重要的信息支持。

3. 有效沟通和协作

项目管理日志是团队成员之间沟通和协作的桥梁，通过查看日志，团队成员可以了解其他成员的工作进展和遇到的问题，从而更好地进行协作。

4. 性能监测和优化

项目管理日志中记录了系统的各种操作和响应时间，用于监测系统的性能表现，帮助开发人员发现性能瓶颈并进行优化。

项目管理日志通常在项目开始时就建立，并且应该从项目开工到竣工验收时持续记录。这样做可以确保项目的整个过程都有详细的文件记录，便于后期的回顾、总结和学习。

项目管理日志的记录应遵循真实性原则，确保记录内容真实、客观、无误，不得篡改。一个可行的项目管理日志内容如下，在实际应用中，可根据具体项目进行调整。

×××物联网工程项目管理日志

第1章 项目启动与规划
　1.1　项目背景与目标设定
　　1.1.1　项目起源与需求分析
　　1.1.2　项目目标与预期成果
　　1.1.3　项目可行性分析
　1.2　项目团队与角色分配
　　1.2.1　团队成员介绍与选拔
　　1.2.2　角色与责任划分
　　1.2.3　团队协作与沟通机制
　1.3　项目整体计划与时间表
　　1.3.1　关键阶段与里程碑设定
　　1.3.2　预期时间表与进度安排
　　1.3.3　资源需求与预算规划
第2章 项目进度管理
　2.1　进度计划实施与监控
　　2.1.1　进度计划的详细执行步骤
　　2.1.2　进度监控方法与工具
　　2.1.3　进度调整与优化策略
　2.2　里程碑达成与总结
　　2.2.1　各阶段里程碑的完成情况
　　2.2.2　里程碑达成的问题与挑战
　　2.2.3　后续进度的调整建议
第3章 项目风险管理
　3.1　风险识别与评估报告
　　3.1.1　已识别风险列表及评级
　　3.1.2　风险评估方法与结果
　　3.1.3　风险应对策略制订
　3.2　风险监控与应对记录
　　3.2.1　风险状态持续跟踪

思考题

1. 项目经理的主要权限职责有哪些？

2. 产品经理负责的工作有哪些？

3. 什么是工程监理？

4. 概预算文件的作用是什么？

5. 项目管理主要包括哪几方面？

6. 什么是项目干系人？

7. 物联网项目实施阶段包含哪些内容？

第 4 章

物联网工程项目范围管理

 项目任务

- 针对选定物联网工程项目编制项目范围说明书
- 针对选定物联网工程项目创建项目 WBS

4.1 项目范围管理概述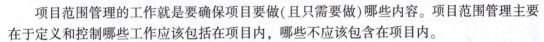

项目范围管理的工作就是要确保项目要做(且只需要做)哪些内容。项目范围管理主要在于定义和控制哪些工作应该包括在项目内,哪些不应该包含在项目内。

在项目环境中,"范围"这一术语有两种含义。

(1)产品范围:指某项产品、服务或成果所具有的特征和功能。产品范围的完成情况是根据产品需求来衡量的。"需求"是指根据特定协议或其他强制性规范、产品、服务或成果必需的条件或能力。

(2)项目范围:包括项目产品范围,是为交付具有规定特性与功能的产品、服务或成果而必须完成的工作。项目范围的完成情况是根据项目管理计划来衡量的。

项目范围管理要做好以下 3 方面工作。

1. 明确项目范围边界

在项目范围管理中,确定项目范围边界是一个核心任务。项目范围边界定义了项目、服务或输出的边界,明确了哪些需求将包含在项目范围内,哪些需求将被排除在项目范围外。这需要识别项目中的关键可交付成果,并明确它们与项目目标之间的关系。

2. 对项目执行工作进行监控

在项目开始之前,应制订详细的项目计划,包括任务分配、时间节点、预期成果等,这有助于为后续的监控工作提供明确的参考。根据项目计划,设立明确的里程碑和关键绩效指标。里程碑用于追踪项目的整体进度,而关键绩效指标则用于衡量项目在特定方面的表现。同时定期召开项目会议,邀请项目团队成员和相关干系人参加。在会议上,讨论项目进展情况、遇到的问题以及解决方案,确保团队成员可以及时了解项目的最新动态。采

用项目管理工具(如甘特图、项目管理软件等)来辅助监控工作。这些工具可以实时追踪项目进度、任务完成情况等，提供可视化的数据支持。

3. 防止项目范围发生蔓延

为了有效防止项目范围发生蔓延，项目管理团队需要综合运用上述策略和方法。通过明确项目范围、建立变更控制系统、加强沟通管理、使用风险管理工具以及定期监控项目进展等措施，确保项目按计划进行，避免不必要的项目范围蔓延。

4.2 项目范围管理过程

项目范围管理过程包括以下内容。

(1)规划范围管理：为记录如何定义、确认和控制项目范围及产品范围，创建范围管理计划。

(2)收集需求：为实现项目目标，确定、记录并管理干系人的需求和产品需求。

(3)定义范围：制订项目和产品的详细描述。

(4)创建 WBS：将项目可交付成果和项目工作分解为较小的、更易管理的组件。

(5)确认范围：正式验收已完成的项目可交付成果。

(6)控制范围：监督项目和产品的范围状态，管理范围基准的变更。

4.3 规划范围管理

规划范围管理是为了记录如何定义、确认和控制项目范围及产品范围而创建范围管理计划的过程。规划范围管理过程中的数据流向图如图 4.1 所示。

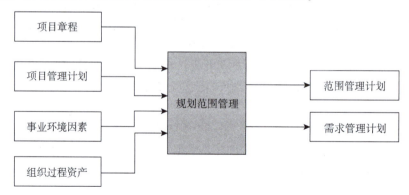

图 4.1　规划范围管理过程中的数据流向图

规划范围管理过程如表 4.1 所示。

表 4.1　规划范围管理过程

过程	输入	工具与技术	输出
规划范围管理	项目章程 项目管理计划 组织过程资产 事业环境因素	专家判断 数据分析 会议	范围管理计划 需求管理计划

规划范围管理过程的具体内容描述如下。

4.3.1　规划范围管理输入

规划范围管理输入包括项目章程、项目管理计划、事业环境因素及组织过程资产。

1. 项目章程

项目章程记录项目目的、项目概述、假设条件、制约因素，以及项目想要实现的高层级的需求。

2. 项目管理计划

规划范围管理中使用的项目管理计划主要包括以下内容。

(1)质量管理计划：定义了项目中实施组织的质量政策、方法和标准，会影响管理项目和产品范围的方式。

(2)项目生存周期描述：定义了项目从开始到完成的一系列阶段。

(3)开发方法：定义了项目采用的开发方法。

3. 组织过程资产

组织过程资产主要包括政策和程序、历史信息和经验教训知识库等。

4. 事业环境因素

事业环境因素是指能够影响规划范围管理过程的事业环境因素，主要包括组织文化、基础设施、人事管理制度和市场条件等。

4.3.2　规划范围管理工具与技术

1. 专家判断

规划范围管理过程中涉及的领域包括以往类似项目、物联网行业和应用领域的信息等，应征求具备这些领域相关专业知识或接受过相关培训的个人或小组的意见。

2. 数据分析

规划范围管理采用的数据分析技术是备选方案分析。

3. 会议

项目团队可以参加项目会议制订范围管理计划，参会者包括项目经理、项目发起人、选定的项目成员、选定的项目干系人、范围管理各过程的负责人及其他必要人员。

4.3.3　规划范围管理输出

1. 范围管理计划

范围管理计划是项目管理计划的组成部分，描述将如何定义、制订、监督、控制和确认项目范围。项目范围管理计划用于指导如下过程和相关工作。

(1)制订项目范围说明书。

(2)根据详细项目范围说明书创建 WBS。

(3)确定如何审批和维护范围基准。

(4)正式验收已完成的项目可交付成果。

2. 需求管理计划

需求管理计划是项目管理计划的组成部分，描述如何分析、记录和管理需求。需求管理计划主要包括以下内容。

（1）如何规划、跟踪和报告各种需求活动。

（2）配置管理活动，如启动变更、变更审批等。

（3）需求优先级排序过程。

（4）测量指标及使用这些指标的理由。

（5）反映哪些需求属性将被列入跟踪矩阵。

4.4　收集需求

收集需求是为了实现目标而确定、记录并管理干系人的需求的过程。需求收集过程仅开展一次，收集需求过程的数据流向图如图 4.2 所示。

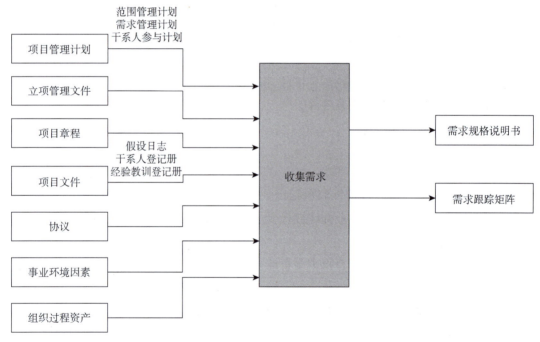

图 4.2　收集需求过程的数据流向图

需求是指根据特定协议或其他强制性规范，产品、服务或成果必须具备的条件和能力，它包括发起人、用户和其他干系人的已量化且书面记录的需求和期望。在项目实施的前期，要足够详细地挖掘、分析和记录这些需求，并将其包含在项目的范围基准中，在项目执行后，要对其进行测量。

需求将作为 WBS 的基础，也将作为成本、进度、质量和采购规划的基础。

收集需求过程如表 4.2 所示。

表 4.2 收集需求过程

过程	输入	工具与技术	输出
收集需求	立项管理文件 项目章程 项目管理计划 项目文件 协议 事业环境因素 组织过程资产	专家判断 数据收集 数据分析 决策 数据表现 团队技能 系统交互图 原型法	需求文件 需求跟踪矩阵

收集需求过程的具体内容描述如下。

4.4.1 收集需求过程的输入

1. 立项管理文件

该过程的立项管理文件是商业论证产生的文件，它描述了为满足业务需要而应该达到的必要、期望及可选标准。

2. 项目章程

该阶段的项目章程记录了项目概述，以及将用于制订详细需求的高层级需求。

3. 项目管理计划

该过程使用的项目管理计划包括以下内容。

(1)范围管理计划：包括如何定义和制订项目范围的信息。

(2)需求管理计划：包含如何收集、分析和记录项目需求的信息。

(3)干系人参与计划：从该计划中了解干系人的沟通需求和参与程度，以便评估并适应干系人对需求活动的参与程度。

对于物联网工程项目来说，计划中应收集应用背景信息、业务需求信息、安全性需求信息、通信量及其分布信息、物联网环境信息、管理需求信息、扩展性需求信息、传输网络的需求信息、数据处理方面的需求信息。

4. 项目文件

项目文件包括以下内容。

(1)假设日志：识别了有关产品、项目、环境、干系人及会影响需求的其他因素的假设条件。

(2)干系人登记册：用于了解哪些干系人能够提供需求方面的信息，记录干系人对项目的需求和期望。

(3)经验教训登记册：提供有效的需求收集技术，尤其针对使用敏捷或适应型产品开发方法的项目。

5. 协议

协议包含项目和产品的需求。

6. 事业环境因素

影响收集需求过程的事业环境因素主要有组织文化、基础设施、人事管理制度、市场条件等。

7. 组织过程资产

影响收集需求过程的组织过程资产包括政策和程序、包含以往项目信息的历史信息和经验教训知识库等。

4.4.2　收集需求过程的工具与技术

1. 专家判断

在收集需求过程中，应征求具备以下领域相关专业知识或接受过相关培训者的意见，包括可行性研究与评估、需求获取、需求分析、需求文件、以往类似项目的项目需求、图解技术、引导、冲突管理。

2. 数据收集

可用于收集需求过程的技术包括以下5点。

（1）头脑风暴：一种用于产生和收集对项目需求与产品需求的多种创意的技术，一种集体开发创造性思维的方法。在头脑风暴中，一群人（或小组）围绕一个特定的兴趣或领域，进行创新或改善，产生新点子，提出新办法。

（2）访谈：通过与干系人直接交谈，来获取信息的正式或非正式的方法。访谈的典型做法是向被访问者提出预设和即兴的问题，并记录他们的回答。访谈应该找有经验的项目参与者、发起人、其他高管及主题专家，他们有助于识别和定义所需产品可交付成果的特征和功能。

（3）焦点小组：召集预定的干系人和主题专家，了解他们对所讨论的产品、服务或成果的期望和态度。焦点小组的效果和反响往往比"一对一"的访谈更热烈。

（4）问卷调查：设计一系列书面问题，向众多受访者快速收集信息。问卷调查方法非常适用于受众多样化、需要快速完成调查、受访者地理位置分散并且适合开展统计分析的情况。

（5）标杆对照：将实际或计划的产品、过程和实践，与其他组的结果进行比较，以便识别最佳实践，形成改进意见，并为绩效考核提供依据。

3. 数据分析

可用于收集需求过程的数据分析技术主要是指文件分析。文件分析指审核和评估任何相关的文件信息。在此过程中，文件分析用于通过分析现有文件，识别与需求相关的信息来获取需求，可供分析并有助于获取需求的文件包括业务流程或接口文件。

4. 决策

根据需求收集结果进行需求决策，主要包括以下技术。

（1）投票：对未来多个行动方案进行评估的决策技术和过程，本技术用于生成、归类和排序产品需求。

（2）独裁型决策制订：采用这种方法，将由一个人负责制订决策。

（3）多标准决策分析：该技术借助决策矩阵，用系统分析方法建立诸如风险水平、不确定性和价值收益等多种标准，对众多创意进行评估和排序。

5. 数据表现

可以通过以下技术表现收集需求过程中的数据。

（1）亲和图：用来对大量创意进行分组的技术，以便进一步审查和分析。

（2）思维导图：把从头脑风暴中获得的创意整合成一张图，用于反映创意之间的共性与差异，激发新创意。

6. 团队技能

团队技能包含以下方式。

（1）名义小组技术：通过投票排列最有用的创意，以便进行头脑风暴或优先排序。名义小组技术可以看成一种结构化的头脑风暴。

（2）观察和交谈：直接查看个人在各自的环境中如何执行工作（任务）和实施流程。当用户难以或不愿清晰说明他们的需求时，特别需要通过观察来了解他们的工作细节。

7. 系统交互图

系统交互图是项目范围管理的一种工具，可以对产品范围进行可视化描述，显示系统（过程、设备、信息系统等）与参与者（用户、独立于本系统之外的其他系统）之间的交互方式。系统交互图显示了业务系统的输入、输入提供者、输出、输出接收者之间的联系。

以一个智能家居系统为例，其系统交互图如图4.3所示。

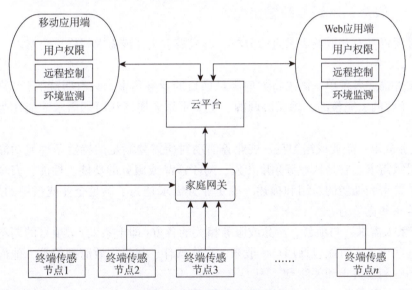

图 4.3 智能家居系统交互图

8. 原型法

在初步获取需求后，开发人员会快速地开发一个原型系统。通过对原型系统进行模拟操作，开发人员能及时获得用户的意见，从而对需求进行明确界定。

原型模型的基本思想是在软件开发的前期，快速设计和实现一个软件系统的原型，这个原型系统可以展示待开发软件的全部或部分功能。用户可以通过测试和评估这个原型系统，给出具体的改进意见，以丰富和细化软件需求。然后，开发人员可以根据用户的反馈，对原型系统进行修改和完善，直至用户满意为止。

原型模型的一个重要特点是它的迭代性。在原型模型中，软件开发是一个反复迭代的过程，每次迭代都会根据用户的反馈对原型系统进行改进。这种迭代的过程可以帮助开发人员和用户更好地沟通，更准确地理解和满足用户的需求。

原型法获取需求的流程如图4.4所示。

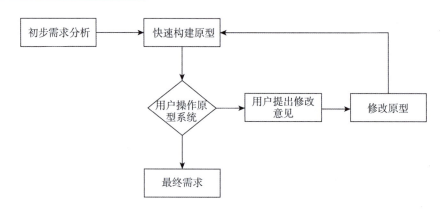

图 4.4　原型法获取需求的流程

原型除了可以用在需求分析阶段与用户进行有效沟通以外，还可以用在设计阶段，帮助设计人员和项目经理进行详细沟通。

4.4.3　收集需求过程的输出

输出过程将针对获取的需求进行分析，形成需求文件或需求规格说明书。

1. 需求文件

需求文件描述各种单一需求将如何满足项目的业务需求。只有明确的(可测量和可测试的)、可跟踪的、完整的、相互协调的、主要干系人愿意认可的需求才能作为基准。需求的类别如下。

(1)业务需求：企业或组织在开展业务活动时所需要满足的特定条件或功能，是整个组织的高层级需求。它是从业务角度出发，对于产品或服务的功能、性能、安全性、可靠性等方面的要求和期望的总结和描述。确定业务需求是为了满足企业或组织的战略目标，提高业务效率和竞争力。

(2)干系人需求：与项目、产品或服务相关的各方(即干系人)对项目的期望、要求或关注点。这些干系人可能包括用户、股东、合作伙伴、员工、政府部门等，他们在项目中有各自不同的利益诉求和关注点。

(3)解决方案需求：为满足业务需求和干系人需求，产品、服务或成果必须具备的特性、功能和特征。解决方案需求又进一步分为功能性需求和非功能性需求。

1)功能性需求：描述产品应具备的功能，如产品应该执行的行动、流程、数据和交互等。在定义功能性需求时，需要明确描述产品或服务应该做什么，如何实现这些功能，包括描述具体的输入、处理过程以及期望的输出。功能性需求通常通过编写需求规格说明书来详细记录。

2)非功能性需求：是对功能需求的补充，是产品正常运行所需的环境条件或质量要求，如可靠性、保密性、性能、安全性、服务水平、可支持性、保留或清除等。

(4)过渡和就绪需求：如数据转换和培训需求。

(5)项目需求：项目需要满足的行动、过程或其他条件，如里程碑日期、合同责任、制约因素等。

(6)质量需求：用于确认项目可交付成果是否成功完成或其他项目需求的实现的任何条件或标准，如测试、认证、确认等。

2. 需求跟踪矩阵

需求跟踪矩阵是把产品需求从其来源连接到能满足需求的可交付成果的一种表格，是一种主要管理需求变更和验证需求是否实现的有效工具。借助需求跟踪矩阵，可以跟踪每个需求的状态。业务部门应在需求跟踪矩阵中记录每个需求的相关属性，这些属性有助于明确每个需求的关键信息。需求矩阵的格式和内容要根据具体的项目需求来修改，没有一个完全可以拿来使用的需求矩阵模板。

需求跟踪矩阵示例如表 4.3 所示。

表 4.3　需求跟踪矩阵示例

需求跟踪	需求编号	需求名称	客户需求	设计输出	实现情况	测试情况	备注
1	R001	远程控制功能	用户能够通过手机 App 远程控制智能家居设备	远程控制模块设计文件	已实现	通过测试	—
2	R002	语音控制功能	用户能够通过语音指令控制智能家居设备	语音控制模块设计文件	进行中	未测试	预计下月完成
3	R003	定时任务功能	用户能够设置智能家居设备的定时开关任务	定时任务模块设计文件	已实现	通过测试	—
4	R004	多设备接入功能	智能家居系统能够接入多种设备，如灯光、空调等	设备接入模块设计文件	已实现	通过测试	—
5	R005	设备状态实时监测功能	用户能够实时监测智能家居设备的状态	监测模块设计文件	已实现	通过测试	—
6	R006	安全防护功能	智能家居系统具备报警、监控等安全防护功能	安全防护模块设计文件	计划中	未测试	需求分析阶段

4.5　定义范围

定义范围是指写出项目和产品的详细描述，本过程的主要作用是描述产品、服务或成果的边界和验收标准，本过程需要在整个项目期间多次反复开展。定义范围的数据流向图如图 4.5 所示。

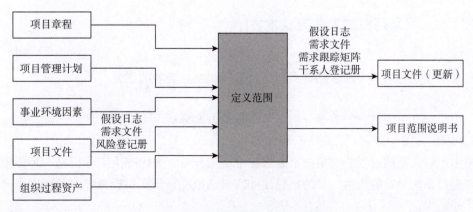

图 4.5　定义范围的数据流向图

定义范围过程如表4.4所示。

表4.4　定义范围过程

过程	输入	工具与技术	输出
定义范围	项目章程 项目管理计划 项目文件 事业环境因素 组织过程资产	专家判断 数据分析 决策 团队技能 产品分析	项目范围说明书 项目文件(更新)

4.5.1　定义范围的输入

1. 项目章程

项目章程中包括对项目的高层描述、产品特征描述和审批要求。

2. 项目管理计划

定义范围中使用的项目管理计划是范围管理计划，其中记录了如何定义、确认和控制项目范围。

3. 项目文件

项目文件包括以下内容。

(1)假设日志：包含有关产品、项目、环境、干系人以及会影响项目和产品范围的假设条件和制约因素。

(2)需求文件：包含应纳入范围的需求。

(3)风险登记册：包含可能影响项目范围的应对策略，如缩小或改变项目和产品范围以规避或缓解风险。

4. 事业环境因素

影响定义范围过程的事业环境因素主要包括组织文化、基础设施、人事管理制度、市场条件等。

5. 组织过程资产

影响定义范围过程的组织过程资产包括用于制订项目范围说明书的政策、程序和模板、以往项目的项目档案和以往阶段或项目的经验教训等。

4.5.2　定义范围的工具与技术

1. 专家判断

定义范围过程中，应征求具备类似项目的知识或经验者的意见。

2. 数据分析

可用于定义范围过程的数据分析技术是备选方案分析。

3. 决策

可用于定义范围过程的决策技术是多标准决策分析。多标准决策分析是一种借助决策矩阵来进行系统分析的技术，目的是建立如需求、进度、预算和资源等多种标准来完善项目和产品范围。

决策矩阵是表示决策方案与有关因素之间相互关系的矩阵，常用来进行定量决策分析。决策矩阵用来评价一系列的选择，并为其排序。

进行决策时，首先用头脑风暴法得出适用的评价标准，这个过程最好有用户参与；然后讨论并修改评价标准，分清"必须要"和"必须不"适用于哪些方面；接着按照每个标准的重要程度给每个标准分配一个权重，总分为 10 分，权重的分配可以通过讨论、投票完成；最后给出决策矩阵，对于每个标准，将每项选择与基准比较进行评分，得出最终的结论。

4. 团队技能

团队技能的一个典型示例是引导。在研讨会和座谈会中，使用引导技能来协调具有不同期望或不同专业知识的关键干系人，促使他们就项目可交付成果以及项目和产品边界达成跨职能的共识。

5. 产品分析

产品分析可用于定义产品和服务，包括针对产品或服务提问并回答，以描述要交付产品的用途、特征及其他方面。

产品分析技术主要包括产品分解、需求分析、系统分析、系统工程、价值分析以及价值工程。

4.5.3　定义范围的输出

1. 项目范围说明书

项目范围说明书是对项目范围、主要可交付成果、假设条件和制约因素的描述。它记录了整个范围，包括项目和产品范围、详细描述了项目的可交付成果、代表项目干系人之间就项目范围所达成的共识。为便于管理干系人的期望，项目范围说明书可明确指出哪些工作不属于本项目范围。项目范围说明书包括的内容如下。

（1）产品范围描述：逐步细化项目章程和需求文件中所述的产品、服务或成果特征。

（2）可交付成果：为完成某一过程、阶段或项目而必须产出的任何独特并可核实的产品、成果或服务能力。可交付成果包括各种辅助成果，如项目管理报告和文件。

（3）验收标准：可交付成果通过验收前，必须满足的一系列条件。

（4）项目的除外责任：识别排除在项目之外的内容，明确说明哪些内容不属于项目范围，有助于管理干系人的期望、防止范围发生蔓延。

2. 项目文件(更新)

更新项目文件包括以下内容。

（1）假设日志：随同本过程识别出更多的假设条件或制约因素，从而更新假设日志。

（2）需求文件：可以通过增加或修改需求来更新需求文件。

（3）需求跟踪矩阵：应该随同需求文件的更新来更新需求跟踪矩阵。

（4）干系人登记册：更新干系人信息。

4.6　创建 WBS

创建 WBS 是把项目可交付成果和项目工作分解成更小、更易于管理的组件，本过程的主要作用是为所要交付的内容提供架构。WBS 是一个描述思路的规划和设计工具，它帮助项目经理和项目团队有效地管理项目，是一个清晰表示各项目工作之间相互联系的结构设计工具。创建 WBS 过程的数据流向图如图 4.6 所示。

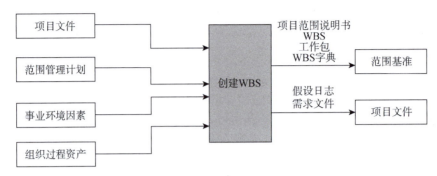

图 4.6　创建 WBS 过程的数据流向图

创建 WBS 过程如表 4.5 所示。

表 4.5　创建 WBS 过程

过程	输入	工具与技术	输出
创建 WBS	范围管理计划 项目文件 事业环境因素 组织过程资产	专家判断 工作分解	范围基准 项目文件(更新)

WBS 是对项目团队为实现项目目标，创建可交付成果而实施的全部工作范围的层级分解。WBS 组织并定义了项目的总范围，代表经批准的当前项目范围说明书中所规定的工作。

WBS 的作用如下。

(1)确定项目范围：明确和准确说明项目的范围。

(2)分配项目工作：为各独立单元分派人员，规定这些人员的相应职责。

(3)预估项目成本：针对各独立单元，进行时间、费用和资源需要量的估算，提高时间、费用和资源估算的准确度。

(4)把控项目进度：为计划、成本、进度计划、质量、安全和费用控制奠定共同基础，确定项目进度测量和控制的基准，确定工作内容和工作顺序。

(5)转换项目价值：将项目工作与项目的财务账目联系起来。

4.6.1　创建 WBS 的输入

1. 范围管理计划
创建 WBS 过程中使用的项目管理计划是范围管理计划。

2. 项目文件
可作为创建 WBS 过程输入的项目文件主要包括以下几种。

(1)需求文件：详细描述了各种单一需求如何满足项目的业务需求。

(2)项目范围说明书：描述了需要实施的工作以及不包含在项目中的工作。

3. 事业环境因素

影响 WBS 过程的事业环境因素包括项目所在行业的 WBS 标准，这些标准可以作为创建 WBS 的外部参考资料。

4. 组织过程资产

影响 WBS 过程的组织过程资产主要包括用于创建 WBS 的政策、程序和模板、以往项目的项目档案和经验教训等。

4.6.2　创建 WBS 的工具与技术

1. 专家判断

在创建 WBS 过程中，应征求具备类似项目知识或经验者的意见。

2. 工作分解

工作分解是一种把项目范围和项目可交付成果逐步划分为更小、更便于管理的组成部分的技术。工作分解的程度取决于所需的控制程度，以实现对项目的高效管理。工作分解的详细程度因项目规模和其复杂程度而异。创建 WBS 的方法多种多样，常用的方法包括自上而下的方法、使用组织特定的指南和使用 WBS 模板，自下而上的方法可用于归并较低层次的组件。建立 WBS 的过程如下。

把整个项目工作进行分解，工作包是分解的最小单元，每个工作包通常包括如下内容。

(1)得到范围说明书(Scope Statement)或工作说明书(Statement of Work)。

(2)召集有关人员，集体讨论所有主要项目工作，确定项目工作分解的方式。

(3)分解项目工作。如果有现成的模板，应该尽量利用模板进行工作分解。

(4)画出 WBS 的层次结构图。WBS 较高层次上的一些工作可以定义为子项目或子生存周期阶段。

(5)将主要项目可交付成果细分为更小的、易于管理的组或工作包。工作包必须详细到可以对该工作包进行估算(成本和工作时间)、安排进度、做出预算、分配负责人员或组织单位。

(6)验证上述分解的正确性。

(7)如果发现较低层次的项目没有必要，则修改组成成分。如果有必要，建立一个编号系统。

(8)随着其他计划活动的进行，不断地对 WBS 更新或修正，直到覆盖所有工作。

根据不同的项目性质，进行 WBS 分解时可采用不同的分解方式，常见的方式有：按产品的物理结构分解；按产品或项目的功能分解；按照实施过程分解；按照项目的地域分布分解；按照项目的各个目标分解；按部门分解；按职能分解。

WBS 可以由树形的层次结构图或者行首缩进的表格表示。树形结构图的 WBS 层次清晰，非常直观，其结构性很强，但不容易修改，对于大的、复杂的项目很难表示出项目全景。以智能家居系统为例，将其中一部分按照实施过程分解到工作包，如图 4.7 所示。

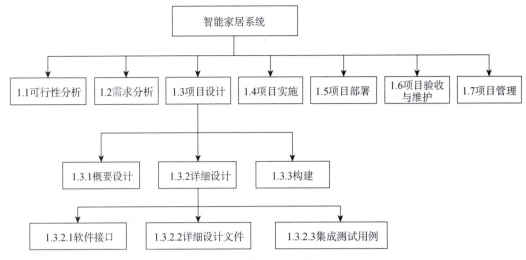

图 4.7　将智能家居系统分解到工作包的 WBS 示例

在分解 WBS 过程中，应注意以下 7 个方面。

（1）WBS 必须是面向可交付成果的。项目的目标是提供产品或服务，WBS 中的各项工作是为可提供交付的成果服务的。WBS 并没有明确要求重复循环的工作，但为了达到里程碑，有些工作可能要重复进行。最明显的例子是软件测试，软件必须经过多次测试后才能作为可交付成果进行交付。

（2）WBS 必须符合项目的范围。WBS 必须也只能包括为了完成项目的可交付成果的活动。如果 WBS 没有覆盖全部的项目可交付成果，那么最后提交的产品或服务是无法让用户满意的。

（3）WBS 底层应该支持计划和控制。WBS 是连接项目管理计划和项目范围的桥梁，WBS 的底层不但要支持项目管理计划，而且要让管理层能够监视和控制项目的进度和预算。

（4）WBS 中的元素必须有，且只有一个负责人。如果存在没有负责人的内容，那么WBS 发布后，项目团队成员将不能够明显意识到自己和自己负责的内容上的联系。WBS和责任人可以通过工作责任矩阵来描述。

（5）WBS 应控制在 4~6 层。如果项目比较大，且分层超过 6 层，可将项目先分解成子项目，然后针对子项目来分解 WBS。在分解的过程中，每一层元素的分解要避免交叉重复。

（6）WBS 既包括项目管理工作，也包括分包出去的工作。

（7）WBS 并非一成不变的，它可以修改。

4.6.3　创建 WBS 的输出

1. 范围基准

范围基准是经过审批的范围说明书、WBS 和相应的 WBS 词典，只有通过正式的变更控制程序才能进行变更，它被用作比较的基础。范围基准是范围管理计划的组成部分。具体包括如下内容。

（1）项目范围说明书：包括对项目范围、主要可交付成果、假设条件和制约因素的描述。

（2）WBS：WBS 分解任务清单。

（3）工作包：WBS 的底层的任务包。每个工作包都有一个标识，这些标识为成本、进度和资源信息的逐层汇总提供了层级结构。

（4）WBS 字典：WBS 字典是针对 WBS 中的每个组件，详细描述可交付成果、活动和进度信息的文件。WBS 字典为 WBS 提供支持，其中大部分信息在其他过程创建，然后在后期添加到字典中。WBS 字典中的内容一般包括账户编码标识、工作描述、假设条件和制约因素、负责的组织、进度里程碑、相关的进度活动、所需资源、成本估算、质量要求、验收标准、技术参考文献、协议信息等。

2. 项目文件（更新）

在创建 WBS 过程中，更新的项目文件主要包括以下两种。

（1）假设日志：通过识别出更多的假设条件或制约因素而更新。

（2）需求文件：在创建 WBS 过程中提出并已被批准的变更。

4.7　确认范围

确认范围是正式验收已完成的项目可交付成果的过程，本过程的主要作用：使验收过程具有客观性；通过确认每个可交付成果来提高最终产品、服务或成果通过验收的可能性。确认范围过程应根据需要在整个项目期间定期开展。确认范围过程的数据流向图如图4.8 所示。

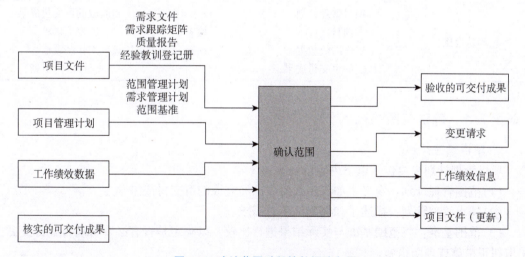

图 4.8　确认范围过程的数据流向图

1. 确认范围的步骤

确认范围应该贯穿项目的始终，如果是在项目的各个阶段对项目的范围进行确认，则还要考虑如何通过项目协调来降低项目范围改变的频率，以保证项目范围的改变是有效率和适时的。确认范围的一般步骤如下。

（1）确定需要进行范围确认的时间。

（2）识别范围确认需要哪些投入。

（3）确定范围正式被接受的标准和要素。

（4）确定范围确认会议的组织步骤。

(5)组织范围确认会议。

2. 需要检查的问题

(1)可交付的成果是不是确定的、可确认的。

(2)每个可交付成果是否有明确的里程碑，里程碑里是否有明确的、可辨别的事件。

(3)是否有明确的质量标准。

(4)审核和承诺是否有清晰的表达。

(5)项目范围是否覆盖了需要完成的产品或服务的所有活动，有没有遗漏或错误。

(6)项目范围的风险是否过高。

3. 干系人关注点的不同

(1)管理层主要关注项目范围，包括范围对项目的进度、资金和资源的影响，这些因素是否超过了组织承受范围，是否在投入产出上具有合理性。

(2)用户主要关注产品范围，他们关心项目的可交付成果是否足够完成产品或服务。

(3)项目管理人员主要关注项目制约因素，他们关心项目可交付成果是否按时按量完成，时间、资金和资源是否足够，主要的潜在风险和预备解决方案。

(4)项目团队成员主要关注项目范围中自己参与和负责的元素，以及自己的工作时间是否足够等。

确认范围过程如表 4.6 所示。

表 4.6　确认范围过程

过程	输入	工具与技术	输出
确认范围	项目管理计划 项目文件 工作绩效数据 核实的可交付成果	检查 决策	验收的可交付成果 变更请求 工作绩效信息 项目文件(更新)

4.7.1　确认范围的输入

1. 项目管理计划

项目管理计划主要包括以下内容。

(1)范围管理计划：定义了如何正式验收已经完成的可交付成果。

(2)需求管理计划：描述了如何确认项目需求。

(3)范围基准：将范围基准与实际结果进行比较，以决定是否有必要对项目进行变更、采取纠正措施或预防措施。

2. 项目文件

可作为确认范围过程输入的项目文件主要包括以下 4 种。

(1)需求文件：将需求与实际结果进行比较，以决定是否有必要对项目进行变更，采取纠正措施或预防措施。

(2)需求跟踪矩阵：含有与需求相关的信息，用于决定如何确认需求。

(3)质量报告：该报告内容可包括由团队管理或需上报的全部质量保障事项、改进建议，以及在控制质量过程中发现的情况的概述。

(4)经验教训登记册：在项目早期获得的经验教训可以运用到后期阶段，以提高验收可交付成果的效率和效果。

3. 工作绩效数据

工作绩效数据一般包括符合需求的程度、不一致的数量、不一致的严重性，以及在某时间段内开展确认的次数。

4. 核实的可交付成果

核实的可交付成果是指已经完成并通过检查的可交付成果。

4.7.2　确认范围的工具与技术

1. 检查

检查是指开展测量、审查与确认等活动，来判断工作和可交付成果是否符合需求和产品验收标准的行为。检查有时也被称为审查、产品审查和巡检等。

2. 决策

投票是用于确认范围过程的决策技术，当由项目团队和其他干系人进行验收时，使用投票来形成结论。

4.7.3　确认范围的输出

1. 验收的可交付成果

符合验收标准的可交付成果应该由用户或发起人签字批准。从用户或发起人那里获得正式文件，代表干系人对项目可交付成果的正式验收。这些文件将在结束项目时或项目的某个阶段提交。

2. 变更请求

对已经完成但未通过正式验收的可交付成果及其未通过验收的原因，应该记录在案。项目负责人员可能需要针对这些可交付成果提出变更请求，并开展相应的补救工作。变更请求应该由实施整体变更控制过程进行审查与处理。

3. 工作绩效信息

工作绩效信息包括项目进展信息，如哪些可交付成果已被验收，哪些未通过验收，以及其未通过验收的原因，这些信息应该被记录下来并传递给干系人。

4. 项目文件(更新)

可以在确认范围过程更新的项目文件主要包括以下 3 种。

(1)需求文件：记录实际的验收结果。需要特别注意实际结果比原定需求更好的情况，或者原定需求已经被放弃的情况。

(2)需求跟踪矩阵：根据验收结果更新需求跟踪矩阵，包括所采用的验收方法及其使用结果。

(3)经验教训登记册：应更新经验教训登记册以记录所遇到的挑战，记录应如何避免该挑战的方法，以及良好的可交付成果验收的方法。

思考题

1. 项目范围管理要做好哪些方面的工作？
2. 项目范围管理过程是怎样的？
3. 什么是 WBS？为什么要对一个项目进行 WBS 分解？
4. 需求收集的常见工具和技术是什么？

第 5 章

物联网工程项目进度管理

- 完成选定物联网工程项目的进度安排
- 找出项目实施的关键路径
- 给出选定物联网工程项目的里程碑事件及完成节点

5.1 项目进度计划

项目进度管理,可以对项目进度进行规划、监控和控制,及时发现进度偏差并采取相应措施,避免项目延期或超预算。此外,项目进度管理有助于项目经理更好地掌握项目进展情况,及时发现问题并采取措施,提高工作效率。同时,合理安排时间,可以确保项目按照计划顺利推进,避免因时间分配不合理导致延误。此外,项目进度管理还有助于提前识别和解决潜在问题,保证项目高质量、高效进行。

项目进度管理包括进度规划、定义活动、排列活动顺序、估算活动持续时间、制订项目进度计划和控制进度等方面。

5.1.1 项目进度管理过程

1. 项目进度管理的含义

项目进度计划提供了详尽的计划,用于说明如何以及何时交付,是一种管理干系人期望的工具,为绩效报告提供依据。

项目管理团队编制项目计划的一般步骤:首先选择进度计划方法,如关键路径法;然后将项目特定数据,如活动、计划日期、持续时间、资源、依赖关系、制约因素等输入进度计划编制工具,创建项目进度模型;最后根据进度模型形成项目进度计划。

项目进度计划的主要内容如下。

(1)确定工程项目的计划总工期。

(2)确定每项工作(工序)的计划开始、计划结束时间。

(3)确定重点控制的节点(里程碑事件)。

2. 项目进度管理内容

项目进度管理内容如下。

(1)规划进度管理:为了规划、编制、管理、执行和控制项目进度,制订政策、程序和文件。

(2)定义活动:识别和记录为完成项目可交付成果而采取的具体活动。

(3)排列活动顺序:识别和记录项目活动之间的关系。

(4)估算活动持续时间:根据资源估算的结果,估算完成单项活动所需工作时段数。

(5)制订进度计划:分析活动顺序、持续时间、资源需求和进度制约因素,创建项目进度模型,落实项目执行和监控情况。

(6)控制进度:监督项目状态,以更新项目进度和管理进度。

5.1.2　项目进度规划

项目进度规划是为了计划、编制、管理、执行和控制项目进度而制订政策、程序和文件的过程,本过程的主要作用是为如何在整个项目期间管理项目进度提供指南和方向。本过程仅开展一次,或仅在项目的预定义点开展。

定义项目进度规划可依据项目章程、项目管理计划、事业环境因素(包括团队资源可用性、技能以及物质资源可用性;进度计划工具或软件;标准化的估算数据等)、组织过程资产(包括历史信息和经验教训知识库、模板和表格等)。

在定义项目进度规划时,采用的技术包括以下 9 种。

1. 专家判断

应征求具备如下领域相关专业知识或接受过相关培训者的意见,涉及的领域包括进度计划的编制、管理和控制、进度计划方法、进度计划软件、项目所在的特定行业等。

2. 数据分析

适用于规划进度管理过程的数据分析技术是备选方案分析。备选方案分析包括确定采用哪些进度计划方法,以及如何将不同方法整合到项目中。

3. 会议

参会人员包括项目经理、项目发起人、项目团队成员、选定的干系人、进度计划执行负责人,以及其他必要人员等。

会议的作用如下。

(1)信息沟通与交流。会议为项目团队成员提供了一个交流和分享信息的平台,通过会议,团队成员可以及时了解项目进展、遇到的问题以及需要协调的事项,从而确保项目顺利进行。

(2)决策制订。会议通常涉及关键决策的制订,团队成员可以在会议上讨论和评估不同的方案或策略,并最终确定最合适的计划,以确保项目按时按质完成。

(3)协调与资源整合。会议有助于协调不同部门或团队之间的合作,确保资源合理分配、有效利用。通过会议,项目经理可以协调各方利益,解决资源冲突,推动项目进展。

(4)风险识别与管理。会议是识别和管理项目风险的重要场所,团队成员可以在会议上讨论潜在的风险因素,并制订相应的应对措施,以降低项目失败的可能性。

(5)监控与调整。通过定期召开的会议,项目经理可以对项目进展进行实时监控,并根据实际情况对计划进行调整。这有助于确保项目始终沿着正确的轨道前进，实现项目目标。

该阶段最终形成进度管理计划，包括的内容如下。

（1）更新后的项目进度计划。根据会议讨论和决策结果，项目进度计划可能会进行调整或优化，以反映最新的项目需求和资源分配情况。

（2）行动项和任务清单。会议可能会产生一系列具体的行动项和任务清单，明确每个团队成员的责任和期望成果，这有助于确保项目按照既定计划顺利推进。

（3）风险登记册。会议可能会识别出新的项目风险，需要更新风险登记册。这将有助于团队在未来的工作中更加关注这些风险因素，并采取相应的应对措施。

（4）决策记录。会议记录将详细记录会议期间作出的重要决策、讨论的关键点以及达成的共识，这些记录对于项目后续的执行和监控具有重要价值。

4. 项目进度模型

需要规定用于制订项目进度模型的进度规划方法和工具。进度计划的发布和迭代长度应指定发布、规划和迭代的固定时间段。固定时间段指项目团队稳定朝目标前进的持续时间，它可以推动团队先处理基本功能，在时间允许的情况下再处理其他功能，尽可能防止工作范围发生蔓延。

5. 准确度

进度计划中的准确度是指活动持续时间估算的可接受区间，以及允许的应急储备数量。定义需要规定活动持续时间估算的可接受区间意味着，在制订项目进度计划时，需要明确规定活动持续时间估算的允许误差范围，以及为应对潜在风险或意外情况而预留的额外时间或资源。准确度是评估项目进度计划可靠性和可行性的重要指标之一，它有助于确保项目按时完成，并降低因时间估算不准确而导致成本的增加和风险。

6. 计量单位

项目需要规定每种资源的计量单位，例如，用于测量时间的人时数、天数、周数等，用于计量数量的米、千米、立方米等。

7. 工作分解结构

WBS 为进度管理计划提供了框架，保证了估算及相应进度计划之间的协调性。

8. 项目进度模型维护

需要规定在项目执行期间，如何在进度模型中更新项目状态，记录项目进度。

9. 报告格式

需要规定各种进度报告的格式和编制频率。

5.1.3 估算活动的持续时间

估算活动持续时间是根据资源估算的结果，估算完成单项活动所需工作时段数的过程，本过程的主要作用是确定完成每个活动所需的时间。估算活动时间需参考项目章程、进度管理计划、风险登记册、范围基准、资源需求、项目团队派工单资源等进行。

在估算活动持续时间过程中，应该先估算完成活动所需的工作量和计划投入该活动的资源数量，然后结合日历，估算完成活动所需的工作时段(即活动持续时间)。

在估算活动的持续时间时，应考虑的影响因素如下。

（1）收益递减规律。在保持其他因素不变的情况下，增加一个用于确定单位产出所需投入的因素(资源)会最终达到一个临界点，在该点之后的输出会随着这个因素的增加而递减。

（2）资源数量。增加资源的数量，时间不一定会简单地缩短一半，因为投入资源可能会增加额外的风险，如增加过多的活动资源，可能会因为知识传递、学习曲线等其他因素造成持续时间的增加。

（3）技术进步。技术进步因素可能会影响活动的持续时间，如引进了新技术、采购了新设备都会在一定程度上缩短活动持续时间。

（4）员工奖励。项目经理还需要调动员工的积极性。有的员工只会在最后一刻才能全力以赴，而有的员工只要还有时间，就会一直拖延，直到用完所有时间。项目经理在项目进程中应该把这些问题都考虑到。

活动持续估算可采用的方法如下。

1. 专家判断

根据项目的具体领域和专业，征询相关专家的意见和建议，对活动持续时间进行判断。

2. 类比估算

可以根据历史数据或相似的项目来估算项目活动的持续时间，这是一种粗略的估算方法，有时需要根据项目的复杂性进行调整。在项目详细信息不足时，经常使用类比估算来判断项目的持续时间。

3. 参数估算

参数估算是一种基于历史数据和项目参数，使用某种方法来计算成本和项目活动持续时间的估算技术。用需要实施的工作量乘完成单位工作量所需的工时，即可计算出持续时间。

4. 三点估算

当历史数据不充分时，考虑估算中的不确定性和风险，可以提高活动持续时间估算的准确性，使用三点估算有助于界定活动持续时间的近似区间。这种估算方法包括 3 个参数：

（1）乐观时间（Optimistic Time，T_O）：在任何事情都顺利的情况下，完成项目所花费的时间。

（2）悲观时间（Pessimistic Time，T_P）：在最不利的情况下，完成某项工作所花费的时间。

（3）最可能的时间（Most Likely Time，T_M）：正常情况下，完成某项工作所花费的时间。

基于持续时间在 3 种估算区间内的假设分布情况，可计算期望持续时间 T_E。

如果 3 个估算值服从三角分布，则有

$$T_E = (T_O + T_M + T_P)/3$$

如果 3 个估算值服从 β 分布，则有

$$T_E = (T_O + 4T_M + T_P)/6$$

5. 自下而上估算

通过从下到上逐层汇总 WBS 组成部分的估算，可以得到项目的持续时间。如果无法以合理的可信度对活动持续时间进行估算，则应将活动中的工作进一步细化，然后估算细化后的具体工作的持续时间，最后汇总得到每个活动的持续时间。

6. 会议

通过召集相关项目干系人开会，也可以确定项目的持续时间。

5.2 制订项目进度计划

进度管理计划是项目管理计划的组成部分，可以为编制、监督和控制项目进度建立准确和明确的活动要求。项目进度计划至少包括每个项目活动的计划开始时间和计划完成时间。即使在早期阶段就进行了资源规划，但在未确定资源分配和计划开始与完成日期之前，项目进度计算都只是初步的。

项目进度计划可采用甘特图、项目进度网络图等来表示。

1. 甘特图

甘特图是展示进度信息的一种方式，以提出者亨利·劳伦斯·甘特（Henry Laurence Gantt）的名字命名。在甘特图中，纵向的列表示活动，横向的行表示日期，用横条表示活动自开始日期至完成日期持续的时间，该图可表示概括性地表示进度计划。

利用 Excel、亿图等工具可以绘制甘特图。

2. 项目进度网络图

项目进度网络图通常用活动节点法绘制，这种方法绘制的图像没有时间刻度，只能显示活动及其相互关系。项目进度网络图也可以包含时间刻度，称为时标图。时标图是用活动的定位和长度表示活动历时的项目进度网络图，是含网络逻辑的甘特图。

时标图必须以水平时间坐标为尺度表示工作时间。在时标图中，以实箭线表示工作，实箭线的水平投影长度表示该工作的持续时间；以虚箭线表示虚工作，由于虚工作的持续时间为零，故虚箭线只能垂直画；以波形线表示工作与其后工作之间的时间间隔（以终点节点为完成节点的工作除外，当计划工期等于计算工期时，这些波形线的水平投影长度表示其自由时差）。时标图的时间单位应根据需要在编制网络计划之前确定，可以是小时、天、周、月或季度。

时标图宜按各项工作的最早开始时间编制。为此，在编制时标图时，应使每一个节点和每一项工作（包括虚工作）尽量向左靠，直至不出现从右向左的逆箭线。

项目进度网络图的绘制方法分为直接绘制法和间接绘制法。

（1）直接绘制法。

直接绘制法是指不计算时间参数而直接按无时标网络计划草图绘制时标网络计划。

1）将网络计划的起点节点定位在时标网络计划表的起始刻度线上。

2）按工作的持续时间绘制以网络计划起点节点为开始节点的工作箭线。

3）除网络计划的起始节点外，其他节点必须在所有以该节点为完成节点的工作箭线均绘出后，定位在这些工作箭线中最迟的箭线末端。当某些工作箭线的长度不足以到达该节点时，必须用波形线补足，箭头画在与该节点的连接处。

4）当确定某个节点的位置之后，即可绘制以该节点为开始节点的工作箭线。

5）利用上述方法，从左至右依次确定其他各个节点的位置，直到绘出网络计划的终点。

（2）间接绘制法。

间接绘制法是指根据无时标的网络计划草图计算其时间参数并确定关键线路，然后在时标图中进行绘制。在绘制时，应先将所有节点按其最早时间定位在时标图中的相应位置，然后用规定线型(实箭线和虚箭线)按比例绘出实工作和虚工作。当某些工作箭线的长度不足以到达该工作的完成节点时，必须用波形线补足，箭头应画在与该工作完成节点的连接处。

一个项目进度网络图图示如图 5.1 所示。

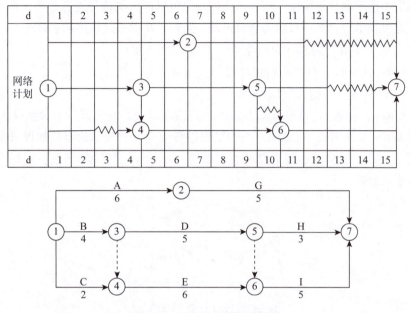

图 5.1　项目进度网络图图示

3. 里程碑图

里程碑图与甘特图类似，但仅标出主要可交付成果和关键外部接口的计划开始日期或完成日期。

里程碑图是一个目标计划，它表明为了达到特定的里程碑需要完成的一系列活动。里程碑图通过建立里程碑和检验各个里程碑的到达情况，来控制项目工作的进展。这种图通常用于展示项目的时间进度和关键节点，帮助管理者了解项目进展情况并及时调整计划。

在里程碑图中，横轴表示时间，纵轴表示任务(项目)，图块表示在整个期间里的计划和实际的任务完成的时间点。这种图可以直观地表明任务计划在什么时候进行，以及实际进展与计划要求的对比。管理者可以非常方便地弄清每一项任务还剩下哪些工作要做，并可评估工作进度是提前还是滞后。里程碑图图示如图 5.2 所示。

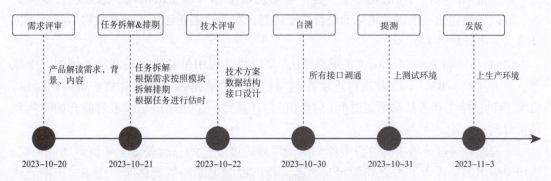

图 5.2　里程碑图图示

5.3 项目进度控制

项目进度控制的目的是保证项目的顺利实施。项目进度控制可以预测和估计潜在的危险，在问题发生前采取防范措施。项目进度控制也可以评价现状与进展趋势，提出建设性意见。同时，这种技术可以对项目状态进行追踪、监控，从而有效地预防和处理意外事故。

项目控制的基本程序遵循 PDCA 循环，如图 5.3 所示。

（1）P（Plan，计划），制订项目进度计划。

（2）D（Do，执行），执行进度计划安排。

（3）C（Check，检查），进度计划与实际执行情况是否存在差异，并分析原因。

（4）A（Action，处理），对总结检查的结果进行处理，对成功的经验加以肯定，并予以标准化。对于失败的教训，也要总结并引起重视。对于没有解决的问题，应提交给下一个 PDCA 循环中去解决。

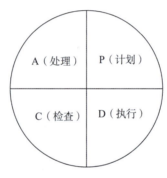

图 5.3 PDCA 循环

以上循环不是运行一次就结束，而是周而复始地进行。结束一个循环，解决一些问题，未解决的问题进入下一个循环，项目进度呈阶梯式上升。

在进行项目进度规划时，要对活动的顺序进行识别。排列活动顺序是识别和记录项目活动之间关系的过程，本过程的主要作用是定义工作之间的逻辑顺序，以便在既定的所有项目制约因素下获得最高的效率。排列活动顺序旨在将项目活动列表转化为图表，作为发布进度基准的第一步。

除了首尾两项，每项活动都至少有一项紧前活动和一项紧后活动。通过设计逻辑关系，可以支持创建一个切合实际的项目进度计划，在活动之间使用提前量或滞后量，可以使项目进度计划更为可行。

CPM（Critical Path Method，关键路径法）是项目管理中最基本也是非常关键的一个概念，它上连着 WBS，下连着执行进度控制与监督。关键路径是项目计划中最长的路线，CPM 借助网络图和各活动所需时间（估计值），计算每一个活动最早或最迟的开始时间和结束时间。

关键路径通过分析项目过程中哪个活动序列进度安排的总时差最少来预测项目工期。它用网络图表示各项工作之间的相互关系，找出控制工期的关键路线，在一定工期、成本、资源条件下获得最佳的计划安排，以达到缩短工期、提高工效、降低成本的目的。

CPM 中的工序时间是确定的，这种方法多用于大型工程的计划安排。

项目进度控制决定了项目的总实耗时间。项目经理必须把注意力集中在那些优先等级最高的任务上，确保它们准时完成，关键路径上的任何活动的推迟将使整个项目推迟。正所谓"向关键路径要时间，向非关键路径要资源"。在进行项目操作的时候，确定关键路径并进行有效的管理是至关重要的。

CPM 是一个动态系统，它会随着项目的进展不断更新。该方法采用单一时间估计法，其中时间被视为确定的。

CPM 的工作原理是为每个最小任务单位计算工期、定义最早开始和结束日期、最迟开始和结束日期、按照活动的关系形成顺序的网络逻辑图，找出必需的最长的路径，即关键路径。

实施过程如下。

（1）画出网络图，以节点标明活动，以箭头代表作业，箭头的方向表示事件的执行的先后。习惯上，项目开始于左方，终止于右方。

（2）标出每项作业的持续时间（Duration Time，DT）。

（3）从左边开始，计算每项作业的最早完成（Earliest Finish，EF）时间。该时间等于最早开始（Earliest Start，ES）时间加上该作业的持续时间。

（4）当所有的计算都完成时，最后算出的时间就是完成整个项目所需要的时间。

（5）从右边开始，根据整个项目的持续时间决定每项作业的最迟完成（Latest Finish，LF）时间。

（6）最迟结束时间减去作业的持续时间，得到最迟开始（Latest Start，LS）时间。

（7）浮动时间（Float Time，FT）为 0 的节点组成的路径为关键路径。

通常采用图 5.4 所示的关键路径来标注活动的 ES、EF、DT、LF、LS，以及活动名称。

最早开始时间（ES）	持续时间（DT）	最早完成时间（EF）
活动名称		
最迟开始时间（LS）	浮动时间（FT）	最迟完成时间（LF）

图 5.4　关键路径

采用顺推法从左到右可以计算出每个节点的最早开始时间和最早完成时间，采用逆推法从右到左可以计算出每个节点的最迟完成时间和最迟开始时间。两种方法对应的计算公式如下。

（1）对于当前活动。

顺推时：$EF = ES + DT$。

逆推时：$LS = LF - DT$。

（2）对于紧后活动。

顺推时：$ES_i = EF_{i-1}$。

顺推时：$LF_{i-1} = LS_i$。

其中，i 代表当前活动，$i-1$ 代表 i 的紧前活动。

浮动时间是指在不延误任何紧后活动且不违反进度制约因素的前提下，活动可以从最早开始时间推迟或拖延的时间量。如果一项工作的最早开始时间与最迟开始时间完全相同，意味着不存在任何浮动时间，它的时间是唯一确定的。如果一条线路上所有工作都不具有浮动时间，这条线路就是关键路径。也就是说，在关键路径上，工作的浮动时间等于零。

一个工程网络图图示如图5.5所示。

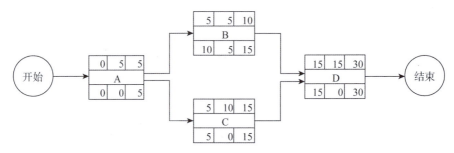

图 5.5　工程网络图图示

可以看到在节点 A、C、D 中的浮动时间均为 0，说明这些节点就是关键路径上的节点，ACD 就是关键路径。

在以上的计算过程中，设置开始时间为 0，也可以将开始时间设置为 1。

在一个庞大的网络图中找出关键路径，并针对各关键活动优先安排资源，挖掘潜力，采取相应措施，尽量压缩需要的时间。针对非关键路径的各个活动，只要在不影响工程完工时间的条件下，抽出适当的人力、物力和财力等资源来完成，以达到缩短工程工期、合理利用资源的目的。在执行计划过程中，可以明确工作重点，对各个关键活动加以有效控制和调度。

在这个优化思想指导下，可以根据项目计划的要求，综合考虑进度、资源利用和降低费用等目标，对网络图进行优化，确定最优的计划方案。

思考题

1. 为什么要对项目进行进度管理？
2. 编制项目计划的一般步骤是怎样的？
3. 给出选定物联网工程项目的进度安排。
4. 根据本章所学的知识，分析并确定选定物联网工程项目的关键路径。

第 6 章

物联网工程项目成本管理

项目任务

- 分析讨论选定物联网工程项目的成本预算
- 制订选定物联网工程项目的成本预算表

6.1 工程项目成本管理

项目成本管理是为了在批准的预算内完成项目，而对成本进行估计、预算、融资、筹资、管理和控制的过程。项目成本管理的关注重点是项目活动所需的成本，同时也要考虑项目决策对项目产品、服务、成果的使用成本、维护成本和支持成本的影响。

6.1.1 工程项目成本管理的基本概念

在工程项目中，成本是指项目活动或其组成部分的货币价值，包括为实施、完成或创造该活动或其组成部分所需资源的货币价值。具体的成本一般包括直接工时、其他直接费用、间接工时、其他间接费用以及采购价格。项目全过程所耗费的各种成本的总和为项目成本。

项目成本包括以下内容。

(1)可变成本：随着生产量、工作量或时间而变化的成本。

(2)固定成本：不随生产量、工作量或时间而变化的非重复成本。

(3)直接成本：可以归属于项目工作的成本，如团队差旅费、工资、项目使用的物料及设备使用费用。

(4)间接成本：一般管理费用，如几个项目共同负担的项目成本所分摊给本项目的费用，包括税金、额外福利费用等。

(5)机会成本：在经济资源有限的情况下，由于选择某一投资方案而必须放弃的其他投资方案所产生的收益。

(6)沉没成本：政策方案制订和设计之前已投入而无法挽回的时间、金钱和设备等资源的支出，是一种历史成本。

6.1.2　工程项目成本管理的原则

工程项目成本管理的原则可以归纳为以下几点。

1. 集成原则

对项目成本的管理和控制是一个综合性的过程，需要多方面协调。

2. 全面控制原则

项目成本的全面控制包括项目成本的全员控制和项目成本的全过程控制。因为项目成本涉及项目组织中的各个部门、单位和班组的工作业绩，与每个职工的切身利益有关，所以这是一个全员控制的过程，要求"人人有责、人人参与"。因为项目成本的发生是一个连续的过程，成本控制的工作要随着项目施工进展的各个阶段连续进行，所以这又是一个全过程控制。

3. 目标原则

目标原则是指项目成本管理应有明确的目标，包括总体目标和各层级目标。通过目标的设定，可以明确项目的进度、质量和成本等各方面的要求，有利于项目的实施和管理。

4. 动态控制原则

成本控制是在不断变化的环境下进行的管理活动，所以必须坚持动态控制原则。在实施成本控制过程中，应将"人（Man）、机（Machine）、料（Material）"投入施工过程中，并收集成本发生的实际值，将其与目标值相比较，检查有无偏离。若出现偏离，应找出具体原因，采取相应措施。同时应遵循"例外"管理方法，对那些不经常出现但对顺利完成成本目标影响重大的问题，应予以高度重视。

5. 节约原则

在保证质量的前提下，应寻求质量与成本的优化平衡，避免不必要的浪费。实现节约原则需要在项目的各个阶段精打细算，充分挖掘降低成本的潜力。

6. 规避风险原则

工程项目在实施过程中可能面临多种风险，如供应链风险、财务风险、安全风险等。因此，在项目成本管理过程中，应采取相应的措施来规避这些风险，以减少其对项目成本的影响。

6.2　工程项目的成本预测

6.2.1　物联网工程项目成本计划

物联网工程项目成本计划是以货币形式预先规定物联网工程项目中耗费的总成本，将施工过程中产生的实际成本与其对比，可以确定目标的完成情况。按成本管理层次、有关成本项目以及项目进展的各个阶段对目标成本加以分解，以便于各级成本方案顺利实施。

物联网工程项目成本计划是物联网工程项目管理的一个重要环节，是物联网工程项目实际成本支出的指导性文件，其作用及重要性如下。

（1）是对生产耗费进行控制、分析和考核的重要依据。物联网工程项目成本计划既体现了社会主义市场经济体制下对成本核算单位降低成本的客观要求，也反映了核算单位降低成本的目标。该计划可作为生产耗费进行事前预计、事中检查控制和事后考核评价的重要依据。许多施工单位仅重视项目成本管理的事中控制及事后考核，却忽视甚至省略了至关重要的事前计划，使得成本管理从一开始就缺乏目标，无法在项目进程中进行考核控制、对比，产生很大的盲目性。

工程项目目标成本一经确定，就要层层落实到部门、班组，并应经常将实际产生的成本与成本计划进行对比分析，发现执行过程中存在的问题，及时采取措施，改进和完善成本管理工作，以保证工程项目的目标成本指标顺利实现。

（2）成本计划与其他各方面的计划有着密切的联系，是编制其他有关生产经营计划的基础。每一个工程项目都有着自己的项目目标，这是一个完整的体系。在这个体系中，成本计划与其他各方面的计划有着密切的联系，它们既相互独立，又相互依存和相互制约。编制项目流动资金计划、企业利润计划等都需要目标成本编制的资料，同时成本计划也是综合平衡项目的生产经营的重要保证。

（3）可以动员全体职工深入开展增产节约、降低产品成本的活动。为了保证实现成本计划，企业必须加强成本管理责任制，把目标成本的各项指标进行分解，将指标具体落实到各部门、班组乃至个人，实行归口管理，并做到责、权、利相结合，增产节约、降低产品成本。

6.2.2　成本预测

成本预测是依据成本信息和施工的具体情况，对未来的施工成本水平及其可能的发展趋势做出科学的估计，它是施工企业在施工以前对施工成本所进行的核算。加强成本控制，应从成本预测开始。成本预测的内容主要是使用科学的方法，结合中标价，根据项目的实际施工条件，从影响工程成本的 5 个能力因素人（Man）、机（Machine）、料（Material）、法（Method）、环（Environment）（俗称 4M1E）及成本风险对项目的成本目标进行预测。智能家居项目的成本预算示例如表 6.1 所示。

表 6.1　智能家居项目的成本预算示例

序号	费用名称	预算金额/元	备注
1	人工费	80 000	—
2	机械费	32 500	—
3	仪器仪表及小型设备	15 900	—
4	专业分包	112 000	—
5	管理费	80 020	—
6	材料费	78 000	—
7	终端设备购置费	130 000	—
8	网络设备购置费	800 000	—
9	应用层开发费	985 000	—
10	服务器购置/租赁费	60 000	—

1. 成本估算采用的方法

(1)类比估算法。这种方法的优点在于简单易行、花费少，尤其是当项目的详细资料难以得到时，此方法是估算项目总成本的一种行之有效的办法。但是，这种方法也具有一定的局限性。由于项目的一次性和独特性等特点，在实际生产中，根本不存在完全相同的两个项目，进行成本估算的上层管理者根据他们以往类似项目的经验对当前项目的总成本进行估算，这种估算的准确性比较差。

(2)资源单价法，又称为确定资源费率法。估算单价的个人和准备资源的小组必须清楚了解资源的单价，然后对项目活动进行估价。在执行合同项目时，标准单价可以写入合同中。如果不能知道确切的单价，也要对单价进行估计，完成成本估算。

(3)工料清单法。这种方法是利用项目工作分解结构图，先由基层管理者计算出每个工作单元的生产成本，再将各个工作单元的生产成本自下而上逐级累加，汇报给项目的高层管理者，最后由高层管理者汇总，得出项目的总成本。

采用这种方法进行成本估算，基层管理者是项目资源的直接使用者，因此他们估算出的结果应该十分详细，而且与其他方式相比也更为准确。但是，这种方法实际操作起来非常耗时，也需要大量的经费支持。

(4)参数估算法。参数估算法是一种使用项目特性参数建立数据模型来估算成本的方法，是一种统计技术，如回归分析和学习曲线。数学模型可以简单，也可以复杂。采用这种方法进行估算，一般会参考历史信息，重要参数必须量化处理，根据实际情况，对参数模型按适当比例调整。每个任务必须至少有一个统一的规模单位。

(5)猜测法。猜测法是一种经验估算法，进行估算的人有专门的知识和丰富的经验，据此提出一个近似的数据。这是一种原始的方法，只适用于要求很快拿出项目大概数字的情况，对于要求提供详细估算的项目是不适用的。

总之，工程项目成本的大小同该项目所耗费资源的数量、质量和价格有关，同该项目的工期长短有关(项目所消耗的各种资源，包括人力、物力和财力等都有自己的时间价值)，同该项目的质量结果有关(因质量不达标而返工时，需要花费一定的成本)，同该项目范围的宽度和深度有关(项目范围越宽越深，项目成本就越大，反之则项目成本越小)。

2. 制订工程项目成本计划的要点

(1)明确工程项目成本计划的目标和指标。在制订工程项目成本计划时，首先需要明确目标，如项目总成本、成本降低率等指标。这些目标和指标应该基于工程项目的整体目标和实际情况进行制订。

(2)细化工程项目成本计划的内容。在明确了目标和指标后，需要细化工程项目成本计划的内容。这包括对每个阶段的成本进行详细的预测或估算，并列出可能出现的风险和不确定性因素。

(3)制订工程项目成本计划的措施方案。在细化了工程项目成本计划后，需要制订相应的措施方案。这些措施方案应该包括具体的实施步骤、时间表和负责人，以便在实施过程中进行跟踪和调整。

(4)制订工程项目成本计划的分解方式。工程项目成本计划需要按照一定的方式进行分解，以便更好地管理和控制各阶段的成本。常见的分解方式包括按照项目的费用结构、工程成本要素、招标文件中的工程量表、项目分解结构以及责任人等进行划分。

(5)制订工程项目成本计划的实施方案。在确定了分解方式后，需要制订相应的实施方案。这些实施方案应该包括具体的实施步骤、时间表和负责人，以便在实施过程中对工程项目进行跟踪和调整。

（6）工程项目成本计划实施过程中的调整和修正。在项目实施过程中，可能会发现实际情况与原计划不符，这时需要对工程项目成本计划进行调整和修正。这些调整和修正应该及时、准确地进行记录和反馈，以便更好地控制各阶段的成本。

6.2.3　工程项目的成本控制

在施工活动中，常常由于某种原因的影响，导致既出现成本偏差，又出现进度偏差。这时必须应用挣值分析法、因果分析图法、因素替换法、差额计算法、比率法等方法对施工项目进行成本控制。

1. 挣值分析法

挣值分析（Earned Value Analysis，EVA）法是一种综合了范围、进度计划、资源和项目绩效度量的方法，它通过对计划完成的工作、实际挣得的收益、实际花费的成本进行比较，以确定成本花费是否在计划内，进度是否按计划进行。挣值分析法能够为项目提供分析、决策的依据，从而选取不同的应对措施，以保证最终完成项目目标。

挣值分析法涉及 3 个基本参数：计划值、实际成本和挣值。

（1）计划值（Plan Value，PV）：又称计划工作量的预算费用，指项目实施过程中某阶段计划要求完成的工作量所需的预算工时（或费用）。这个参数主要反映进度计划应当完成的工作量。其计算公式为

$$PV = 计划工作量 \times 预算定额$$

（2）实际成本（Actual Cost，AC）：又称已完成工作量的实际费用，指在项目实施过程中，某阶段实际完成的工作量所消耗的实际费用。这个参数主要反映项目执行的实际消耗。其计算公式为

$$AC = 已完成工作量 \times 实际单价$$

（3）挣值（Earned Value，EV）：又称已完成工作量的预算成本，指在项目实施过程中，某阶段实际完成工作量及按预算定额计算出来的费用。其计算公式为

$$EV = 已完成工作量 \times 计划单价$$

挣值分析的评价指标有以下 4 个。

（1）进度偏差（Schedule Variance，SV）：指检查日期的 EV 与 PV 之间的差异。其计算公式为

$$SV = EV - PV$$

当 SV>0 时，表示进度提前；

当 SV<0 时，表示进度延误；

当 SV=0 时，表示实际进度与计划进度一致。

（2）费用偏差（Cost Variance，CV）：检查期间的 EV 与 AC 之间的差异。其计算公式为

$$CV = EV - AC$$

当 CV<0 时，表示执行效果不佳，即实际消耗费用超过预算值，即超支；

当 CV>0 时，表示实际消耗费用低于预算值，即有结余或效率高；

当 CV=0 时，表示实际消耗费用等于预算值。

（3）成本绩效指数（Cost Performance Index，CPI）：预算费用与实际费用值之比（或工

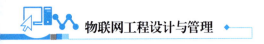

时值之比）。其计算公式为

$$CPI = EV/AC$$

当 CPI>1 时，表示低于预算，即实际费用低于预算费用；

当 CPI<1 时，表示超出预算，即实际费用高于预算费用；

当 CPI=1 时，表示实际费用等于预算费用。

（4）进度绩效指数（Schedule Performance Index，SPI）：项目挣值与计划值之比。其计算公式为

$$SPI = EV/PV$$

当 SPI>1 时，表示进度提前，即实际进度比计划进度快；

当 SPI<1 时，表示进度延误，即实际进度比计划进度慢；

当 SPI=1 时，表示实际进度等于计划进度。

2. 因果分析图法

因果分析图也称为特性因素图，因为其形状像树枝，所以又称为树枝图。它以成本偏差为主干来寻找成本偏差原因，是一种有效的定性分析法。因果分析图就是从某个成本偏差的结果出发，步步深入，直到找出具体原因为止。先找出大方面的原因，然后进一步找出背后的原因，即中原因，再从中原因找出小原因，并逐步查明确定主要原因，对主要原因用 * 号做出标记，以引起重视。

3. 因素替换法

因素替换法可用来测算和检验有关影响因素对项目成本作用的大小，找到产生成本偏差的根源。因素替换法是一种常用的定量分析法，其具体做法是当一项成本受几个因素影响时，先假定一个因素变动，其他因素不变，计算出该因素的影响效应，然后依次替换第二、第三个因素，从而确定每一个因素对成本的影响大小。

4. 差额计算法

差额计算法是因素替换法的一种简化形式，它是利用指数的各个因素的计划数与实际数的差额，按照一定的顺序，直接计算出各个因素在变动时对完成计划指标的影响程度的一种方法。

5. 比率法

比率法是指用两个以上的指标的比例进行分析的方法。它的基本特点是先把对比分析的数值变成相对数，再观察其相互之间的关系。比率法的常用指标如下。

（1）相关比率。由于项目经济活动的各个方面互相联系、互相依存、互相影响，因此常将两个性质不同而又相关的指标加以对比，求出比率，并以此来考察经营成果的好坏。

（2）构成比率。通过构成比率，可以考察成本总量的构成情况以及各成本项目占成本总量的比重，还可以看出量、本、利的比例关系。

思考题

1. 为什么要对项目进行成本管理？

2. 成本估算可采用的方法有哪些？

3. 成本控制可采用的方法有哪些？

第 7 章

物联网工程项目质量管理

 项目任务

- 对选定项目进行工程质量管理，保证项目的实施质量
- 对选定项目进行风险预测，制订风险计划表
- 以项目经理身份组建项目团队，并对人员进行管理，保证选定项目的顺利完成

7.1 质量管理概述

质量通常指产品质量，广义的质量还包括工作质量。产品质量是指产品的使用价值及其属性，而工作质量则是产品质量的保证，它反映了与产品质量直接有关的工作对产品质量的保证程度。

根据 ISO9000 质量管理体系的定义，质量是指产品或服务能满足规定或潜在需求的特性和特征的集合。

如果把项目作为一次性的活动，项目质量由项目范围内所有的阶段、子项目、项目工作单元的质量构成，即项目的工作质量；如果把项目作为一项产品，项目质量体现在其性能或者使用价值上，即项目的产品质量。

项目的特性决定了项目质量体系的构成。从供需关系来讲，业主是需求方，他要求参与项目活动的各承包商（设计方、施工方等）提供足够的证据，建立满意的供方质量保证体系；另外，项目的一次性、核算管理的统一性及项目目标的一致性均要求将项目范围内的组织机构、职责、程序、过程和资源集成为一个有机整体，在其内部实施良好的质量控制及项目质量保证，从而构筑出项目的质量体系。

项目质量管理的目的是确保项目按照设计者规定的要求完成，它要求整个项目的所有功能都能够按照原有的质量及目标要求得以实施。质量管理主要依赖质量计划、质量控制、质量保证及质量改进所形成的质量保证系统来实现。

7.2 项目质量管理过程

项目质量管理（Project Quality Management）是指对整个项目质量进行把控、管理的过程。

项目质量管理工作是一个系统过程，在实施过程中必须创造必要的资源条件，使之与项目质量要求相适应。各职能部门及实施单位要保证工作质量和项目质量，实行业务工作程序化、标准化和规范化。支持质量部门独立、有效地行使职权，对项目实施全过程实行质量控制。质量管理文件指在项目实施过程中，为达到预期的项目质量和工作质量要求，对与管理有关的重复性事务和概念所做的规定。

1. 质量保证大纲

从项目或任务下达或签订合同开始，在项目实施过程中的每一阶段，均需在总结上一阶段实施情况的基础上制订或修订质量保证大纲，以指导本阶段的实施和管理工作。

质量保证大纲的目标是提高项目实施的适用性和任务完成率、降低项目对维修和后勤保障的要求、提供基本的质量信息、提高工程实施的经济效益。

质量保证大纲的内容包括：按照项目的特点和有关部门对质量的要求，设计明确的质量指标；明确规定工艺技术、计划、质量和物资部门的质量责任；确定各实施阶段的工作目标；针对项目特点和实际的实施能力，提出质量控制点和需要进行特殊控制的要求、措施、方法及其相应的完成标识和评价标准；针对设计、工艺和项目质量评审，提出明确规定。

2. 质量工作计划

质量工作计划是对特定的项目、服务以及合同规定专门的质量措施、资源和活动顺序的文件。

质量工作计划的工作内容有：实现的质量目标；应承担的工作项目、要求、责任以及完成的时间；在计划期内应达到的质量指标和用户质量要求；计划期内质量发展的具体目标、分段进度、实现的工作内容、项目实施准备工作、重大技术改进措施、检测及技术开发等。

3. 技术文件

技术文件是设计文件、工艺文件、研究试验文件的总称，是项目实施的依据和凭证。成套技术文件应完整、准确、协调、一致：设计文件与项目技术文件状态一致；工艺文件与项目实施实际一致；研究试验文件与项目实际过程一致。成套技术文件的完整性应根据项目和工作的性质、复杂程度、研制阶段区别对待。为保证每一项目和工作技术文件的完整性，总设计师、总工程师、项目负责人应根据技术文件的管理规定，在工作开始时，对技术文件完整性提出具体要求，列出文件目录，并组织实施。

4. 质量成本

质量成本是实施单位为了保证和提高产品质量、满足用户需要而支出的费用，以及因未达到质量标准而产生的一切损失费用的总和。质量管理职能部门应根据质量工作计划，提出质量成本项目和计划。

承制单位应严格遵守质量成本开支范围，根据审核无误的原始凭证，按质量成本核算对象及质量成本科目，分责任单位正确归集质量费用。属于现行项目开支范围内的质量费用，应分别在项目和工作中进行核算。不属于现行项目成本开支范围的质量费用，应统计归集后直接或分配计入完工项目和目前实施项目的质量成本。能够分清由哪个项目负担的费用，应直接计入该项目明细账或成本质量费用统计表，不能分清的，则统计后按工时分配计入。

7.3　质量计划

质量计划的目的是确保项目的质量标准能够按计划实现，其关键是确保项目在计划期内完成，同时要处理与其他项目计划之间的关系。

1. 质量计划的输入
质量计划的输入要素包括质量方针、范围陈述、产品描述、标准和规则。

2. 质量计划的方法
（1）利益/成本分析。质量计划必须综合考虑利益/成本的交换，满足质量需求的主要利益是减少重复性工作，这就意味着高产出、低支出以及增加投资者的满意度。满足质量要求的基本费用是辅助项目质量管理活动的付出。质量管理的基本原则是使利益与成本之比尽可能大。

（2）基准。通过比较实际或计划项目与其他同类项目的实施过程，为改进项目实施过程提供思路和实施标准。

（3）流程图。流程图是一个由任何箭线联系的若干因素关系图，流程图在质量管理中的应用主要包括如下 4 个方面。

①过程优化：流程图能清晰展现各步骤和环节，帮助发现低效或冗余的部分，进而优化流程，提高效率。

②风险控制：通过分析流程图，可以预先识别并控制关键风险点，减少产品或服务失误，确保质量稳定。

③员工培训：流程图作为直观的教学工具，有助于新员工快速理解并掌握工作流程，提高操作准确性。

④持续改进：结合流程图与质量管理工具，可系统地追踪和改进流程，实现质量的持续提升。

（4）试验设计。试验设计对于分析哪个因素对整个项目输出结果最有影响是极为有效的，然而这种方法的应用存在费用进度交换的问题。

3. 质量计划的输出
（1）质量管理计划。质量管理计划主要描述项目管理者应该如何实施它的质量方针。在 ISO9000 中，项目的质量系统被描述为包括对组织结构、责任、方法、步骤及资源等实施质量管理。质量计划提供了对整个项目进行质量控制、质量保证及质量改进的基础。

（2）具体操作说明。对于一些特殊条款，需要附加的操作说明，包括对它们的解释，以及在质量控制过程中如何度量的问题。例如，满足项目进度日期要求，并不足以说明对项目管理质量进行了度量，项目管理组还必须指出每一项工作是否按时开始或者按时结束，各个独立的工作是否被度量，还是仅做了一定的说明。

（3）检查表格。检查表格是一种用于对项目执行情况进行分析的工具，通常包括命令和询问两种形式。许多组织已经形成了标准的、能确保工作顺利执行的体系。

4. 质量计划的工具和技术

（1）质量审核。质量审核是确定质量活动及其有关结果是否符合计划安排，以及这些安排是否有效贯彻并达到有目标的、系统的、独立的审查。通过质量审核，可以评价审核对象是否符合规定，并确定是否需采取改进纠正措施，从而达到以下5个目标。

①保证质量符合性。首要目标是确保产品或服务的质量符合预设的标准、规格和客户要求，这涉及对各个环节的全面检查。

②识别问题和改进机会。审核过程中，通过详细分析，可以识别出存在的质量问题或潜在风险。这些问题可能涉及生产流程、员工操作、设备维护等多个方面。一旦发现问题，可以及时采取措施进行纠正，避免问题扩大或影响产品质量。

③提升质量管理体系的有效性。质量审核不仅关注当前的产品质量，还关注整个质量管理体系的运行状况。通过审核，可以发现体系中的不足和漏洞，进而对其进行优化和改进。这有助于提升质量管理体系的整体效能，确保持续、稳定地生产出高质量的产品。

④促进持续改进的文化。定期的质量审核可以激发组织内部对持续改进的追求。每次审核都会发现新的问题和改进点，这促使组织不断进行自我完善和创新。长此以往，组织将形成一种持续改进的文化氛围，为持续提高产品质量和客户满意度奠定坚实基础。

⑤确保法规与标准的遵守。在许多行业中，产品质量必须符合国家或国际的法规和标准。质量审核可以验证组织是否严格遵守了这些规定，从而避免因违规而带来的法律风险和经济损失。

（2）质量审核的分类。质量审核可以分为质量体系审核、项目质量审核、过程（工序）质量审核、监督审核、内部质量审核、外部质量审核。

质量审核可以是有计划的，也可以是随机的，它由专门的审计员或者是第三方质量系统注册组织审核。

7.4 质量保证

质量保证是所有计划和系统工作达到质量计划要求的基础，为项目质量系统的正常运转提供可靠的保证，贯穿项目实施的全过程。在ISO9000实施之前，质量保证通常被包含在质量计划之中。

质量保证通常是由质量保证部门或者类似的组织单元提供，但也不总是如此。质量保证通常提供给项目管理组以及实施组织（内部质量保证），或者提供给用户或项目工作涉及的其他活动（外部质量保证）。

（1）质量保证的输入：质量管理计划、质量控制度量的结果、操作说明。

（2）质量保证的输出：质量改进建议，以提高项目的有效性和效率。

7.5 质量控制

质量控制主要是监督项目的实施结果，将项目的结果与事先制订的质量标准进行比较，找出存在的差距，并分析形成这一差距的原因。质量控制同样贯穿于项目实施的全过程。项目的结果包括产品结果（如交付）以及管理结果（如实施的费用和进度）。质量控制通常是由质量控制部门或类似的质量组织单元实施，但也并非总是如此。

项目管理组应该具有统计质量控制的工作知识，特别是抽样检查和概率方面的知识，以便评价质量控制的输出。

1. 质量控制的输入

质量控制的输入包括工作结果、质量管理计划、操作描述、检查表格。

2. 质量控制的方法和技术

（1）检查。检查包括度量、考察和测试。

（2）控制图。控制图可以用来监控进度和费用的变化、范围变化的频率、项目说明中的错误，以及其他管理结果。

（3）统计样本。对项目实际执行情况的统计值是项目质量控制的基础，统计样本涉及样本选择的代表性，合适的样本通常可以减少项目控制的费用。当然，这需要一些样本统计方面的知识，项目管理组有必要熟悉样本变化的技术。

（4）流图。流图通常被用于项目质量控制过程中，其目的是确定以及分析问题产生的原因。

（5）趋势分析。趋势分析是应用数学的技术，根据历史数据预测项目未来的发展，趋势分析通常被用来监控。

（6）技术参数。技术参数用于说明多少错误或缺点已被识别和纠正，多少错误仍然未被校正。

（7）进度参数和费用。进度参数用于说明多少工作在规定的时间内被按期完成，费用则是完成过程中产生的经费。

3. 质量控制的输出

（1）质量改进措施可接受的决定。每一项目都有接受和拒绝的可能，不被接受的工作需要重新进行。

（2）重新工作。不被接受的工作需要重新执行，项目工作组的目标是使返工的工作最少。

（3）完成检查表。当进行检查的时候，应该完成对项目质量的记录，并完成检查表格。

（4）过程调整。过程调整包括对质量控制度量结果的纠正以及预防工作。

7.6 质量验收

依据质量计划中的范围划分、指标要求和采购合同中的质量条款，遵循相关质量检验评定标准，对项目质量进行质量认可评定和办理验收交接手续的过程称为质量验收。

质量验收包括物联网工程项目的实体验收和文件验收。验收时，可采用分项工程逐步验收，由监理方组织。

只有符合下列规定，才能通过验收。

（1）所含分部工程质量验收均应验收合格。

（2）质量控制资料应完整。

（3）有关安全、节能、环境保护和主要使用功能的检验资料应完整。

（4）主要使用功能的抽查结果应符合相关专业质量验收规范的规定。

（5）观感质量应符合要求。

1. 竣工质量验收的流程

（1）自检（针对分包工程由分包单位自检，总包派人参加）。

（2）预验收（总监组织、专监参加）。

（3）竣工验收（建设单位组织）。

1）工程完工并整改完毕，施工单位向建设单位提交竣工报告，申请竣工验收。

2）建设单位组成验收组，制订验收方案。

3）建设单位在组织竣工验收7个工作日前通知质监站。

4）建设单位组织竣工验收。

当参与工程竣工验收各方主体不能达成一致意见时，应当协商提出解决办法，待意见一致后，重新组织竣工验收（协商重验）。

2. 竣工验收报告

（1）该报告由建设单位提出。

（2）该报告内容包括以下5点。

1）工程概况。

2）建设单位执行情况。

3）对工程勘察、设计、施工、监理等方面的评价。

4）工程竣工验收时间、程序、内容和组织形式。

5）工程竣工验收意见。

质量管理计划可参考如下形式。

×××物联网工程项目质量管理计划

一、项目基本情况

二、项目工作范围
1. 项目描述
2. 项目目标
3. 需求概述
4. 项目范围

三、可交付成果描述
1. 里程碑产品描述
2. 可交付产品描述

四、可交付成果验收标准
1. 验收标准
2. 质量标准

五、质量保证活动
1. 测试流程
2. 验收流程
3. 文件资料
4. 里程碑核对单
5. 需求确认流程
6. 时间安排
7. 审计安排

六、项目监控

七、项目质量小组责任

项目质量验收报告可参考表 7.1 的形式。

表 7.1 项目质量验收报告

工程名称						
施工单位名称						
设计单位						
监理单位名称						
施工许可证号			报建/开工时间			
工程造价			竣工质量验收时间			
各方主体质量验收意见(各单位负责人签字)						
施工单位		勘察单位		设计单位		监理单位
工程概况:						
质量验收组织形式:						
质量验收程序:						

7.7 其他管理

7.7.1 风险管理

项目风险管理是指在项目进行过程中,对可能影响项目进展的风险进行识别、分析和控制的管理活动。项目风险管理的主要目标是通过采取适当的策略和控制措施,最大程度减少项目风险对实现项目目标的影响,同时充分利用机会和资源,使项目达到预期目标。项目风险管理包括风险识别、风险评估、风险计划、风险实施和风险沟通这 5 个步骤。

1. 风险识别

项目经理和项目团队要了解以下两类信息。

(1)项目团队外部的信息。项目经理首先要了解公司内有哪些风险管理相关要求,由于项目是在企业的整体风险管理框架下运行的,因此必须遵循企业风险管理的整体要求。

(2)项目自身特点的信息。不同类型的项目风险是不同的,这意味着风险管理的侧重点也不同。项目经理和项目团队需要充分了解自身项目的特点,如项目产品的复杂程度、创新性,项目团队和用户的特点等,这些都是导致项目出现不确定性后果的因素。

2. 风险评估

当识别出风险之后,接下来要评估风险记录单中的每个风险,这个过程称为风险估算。在风险估算的过程中,需要仔细分析风险记录单中每个风险发生的概率和造成的影响，并尽量做到量化。由于企业和项目的资源有限，应对所有的风险进行优先级划分。在进行风险优先级排列时，还要考虑风险临近度这个因素，确保优先处理即将发生的风险。

3. 风险计划

对于已经识别的高风险，应制订具体的应对措施和应急计划。分析和选择风险的应对策略是风险计划的前提。通常把风险应对策略分成以下两类。

（1）威胁的应对策略：包括规避的策略、降低的策略、后备和应急计划的策略、转移的策略、接受的策略、共享的策略等。

（2）机会的应对策略：包括利用的策略、强化的策略、拒绝的策略、共享的策略等。

4. 风险实施

（1）授权。每个风险的应对行动都必须落实到人，而且必须至少落实到两个人身上。一个是风险负责人，通常是手握资源和权力的项目领导；另一个是风险执行人，通常是一个职级不高，但是有足够的时间和精力实施应对措施的项目成员。

（2）监督。项目经理需要在实施风险计划的过程中监督行动落实的效果。

（3）控制。如果项目经理发现计划的风险应对行动没有达到预期效果，就需要尽快采取纠正行动。

5. 风险沟通

风险沟通主要包含以下3点内容。

（1）疏导风险和改变风险的进程。通过风险的识别、公布、协商，争取避免风险冲突。这包括风险信息的提供与风险教育，以及观念调整和行为改变，从而达到改变风险进程的目的。

（2）危机预警和阻止风险的发生。通过发布风险警告，告知公众风险的情况，引导公众开展应对风险的行动，全面阻止风险爆发。

（3）危机防范和降低风险的危害程度。通过对风险的识别、分类、转移等工作，有效传递风险信息，达到提前防范危机的不良后果、全面降低风险危害的目的。

此外，风险沟通还涉及多个主体，如公众、媒体、社会组织、政府等，并且需要考虑沟通主体的状况、获得信息的渠道、信任状况，以及社会心理支持来源等因素。同时，风险沟通也强调风险信息的有效传递，以及风险兑现（危机爆发）后的风险反馈和风险学习的过程。风险管理计划可参考如下形式。

×××物联网工程项目风险管理计划

一、项目基本情况

项目名称：　　　　　　　　　　制作日期：　　年　　月　　日

制作人：　　　　　　　　　　　签发人：

二、风险管理策略

1. 风险管理的总体思想和原则

2. 定义风险假设

3. 定义风险管理的责任人

4. 风险分析技术

5. 风险分类方式

6. 风险沟通方式

---

7. 风险追踪过程

三、风险分类(如表7.2所示)

四、风险处置(如表7.3所示)

五、风险处置后分析(如表7.4所示)

表7.2　风险分类

风险编号	风险类别	风险描述
1	管理政策	
1.1	政策变动风险	
1.2	政策执行风险	
2	工期	
3	合同	
4	范围定义	
5	资源	
6	设备采购	
7	软件开发	
…	…	

表7.3　风险处置

风险编号	处置责任人	处置方式	支持条件	监控方式

表7.4　风险处置后分析

风险编号	风险因素	可能性	影响程度	处理方法建议	处理后的影响程度分析

7.7.2　沟通管理

沟通管理(Communication Management)是企业组织的生命线,管理的过程也就是沟通的过程。通过了解用户需求,整合各种资源,提供出好的产品和服务来满足用户,从而为企业和社会创造价值和财富。所谓沟通,是人与人之间思想和信息的交换,是信息广泛传播的过程。

沟通管理更是管理创新的必要途径和肥沃土壤,许多新的管理理念、方法和技巧的出台都是经过无数次沟通、碰撞的结果。沟通管理的根本目的是提高管理效率。

基本沟通模型包含5个基本状态:已发送、已收到、已理解、已认可、已转化为积极的行动。其中,已转化为积极的行动是最难的一环。

1. 沟通管理计划

沟通管理计划包括如下信息：

(1)通用术语表；

(2)干系人沟通需求；

(3)需要沟通的信息，包括语言、格式、内容、详细程度；

(4)发布信息的原因；

(5)发布信息及告知收悉或做出回应(如适用)的时限和频率；

(6)负责沟通相关信息的人员；

(7)负责保密的人员；

(8)将要接收信息的个人或小组；

(9)传递信息的技术或方法；

(10)为沟通活动分配的资源，包括时间和预算；

(11)问题升级程序，用于规定下层员工无法解决问题时的上报时限和上报路径；

(12)随项目进展，对沟通管理计划更新与优化的方法；

(13)项目信息流向图、工作流程(包括授权顺序)、报告清单、会议计划等；

(14)沟通制约因素，通常来自特定的法律法规、技术要求和组织政策等。

2. 沟通方法

沟通方法有交互式沟通、推式沟通、拉式沟通。

(1)交互沟通：在两方或多方之间进行多向信息交换。这是确保全体参与者就特定话题达成共识的最有效的方法，包括会议、电话、即时通信、视频会议等。

(2)推式沟通：把信息发送给需要接收这些信息的特定接收方，如发送电子邮件。

(3)拉式沟通：用于信息量很大或受众很多的情况，要求接收者自主地访问信息内容，如使用电子在线课程、数据库、知识库。

项目沟通管理计划表如表7.5所示。

表7.5　项目沟通管理计划表

项目基本情况				
项目名称			项目编号	
制作人			审核人	
项目经理			执行日期	
项目沟通计划				
利益干系人	所需信息	频率	方法	责任人

7.7.3　人力资源管理

人力资源管理是指企业的一系列人力资源政策以及相应的管理活动，这些活动主要包括企业人力资源战略的制订、员工的招募与选拔、培训与开发、绩效管理、薪酬管理、员工流动管理、员工关系管理、员工安全与健康管理等。企业运用现代管理方法，对人力资源的获取(选人)、开发(育人)、保持(留人)和利用(用人)等方面进行计划、组织、指挥、控制和协调等一系列活动,最终实现企业发展目标。

项目人力资源管理包括规划人力资源管理、组建项目团队、建设项目团队、管理项目团队4个步骤。

1. 人力资源管理的工具和技术

(1)规划人力资源管理的工具和技术:包括组织图和职位描述、人际交往、组织理论、专家判断、会议。

(2)组建项目团队的工具与技术:包括预分派、谈判、招募、虚拟团队、多标准决策分析。

(3)建设项目团队的工具和技术:包括人际关系技能、培训、团队建设活动、基本规则、集中办公、认可与奖励、人事测评工具。

(4)管理项目团队的工具和技术:包括观察和交谈、项目绩效评估、冲突管理、人际关系技能。

优秀团队的建设一般要经历以下5个阶段:形成阶段、震荡阶段、规范阶段、发挥阶段、解散阶段。

2. 项目经理

(1)项目经理的职能。

项目经理的职能因公司、项目类型和具体情况而异,总的来说是确保项目的顺利进行,满足用户的需求,同时实现公司的商业目标。他们需要在各个方面进行协调和管理,以确保项目的成功完成,具体职能描述如下。

1)项目计划和组织。项目经理负责制订项目计划,包括确定项目目标、任务分配、时间表、预算等。他们需要确保项目资源得到有效利用,并协调各个团队成员的工作。

2)风险管理。项目经理负责识别、评估和管理项目风险。他们需要预测潜在的问题,并做出相应的应对措施,以确保项目的顺利进行。

3)沟通和协调。项目经理负责与项目团队成员、用户和其他利益相关者进行沟通。他们需要确保所有人对项目的目标和期望有清晰的理解,并协调各个团队成员的工作,以实现项目目标。

4)质量管理。项目经理负责确保项目的质量达到预期标准。他们需要制订质量计划,并监督项目的执行过程,以确保所有任务按照要求的标准完成。

5)进度管理。项目经理负责监控项目的进度,确保项目按时完成。他们需要定期评估项目的进展情况,并根据需要调整项目计划和资源分配。

6)成本管理。项目经理负责管理项目的成本。他们需要制订预算,并监控项目的实际支出,以确保项目成本控制在预期范围内。

7)变更管理。项目经理负责处理项目过程中的变更请求。他们需要评估变更对项目的影响,并协调各方达成共识,以确保项目的顺利进行。

8)团队建设。项目经理负责建立高效的项目团队。他们需要激励团队成员,促进团队合作,提高项目执行效率。

(2)项目经理的权利。

1)职位权力:来源于管理者,高级管理层对项目经理进行授权,项目经理有让员工进行工作的权力。

2)惩罚权力:使用降职、加薪、惩罚、批评、威胁等负面手段的能力。

3）奖励权力：给予下属奖励的能力。

4）专家权力：来源于个人的专业技能。

5）参照权力：成为别人学习参照榜样所拥有的能力。

职位权力、惩罚权力、奖励权力来自组织的授权，专家权力和参照权力来自项目经理自身。

3. 现代企业人力资源管理

现代企业人力资源管理具有以下5种基本功能。

（1）获取。根据企业目标确定用工条件，通过规划、招聘、考试、测评、选拔、获取企业所需人员。

（2）整合。通过企业文化、信息沟通、人际关系和谐、矛盾冲突的化解等方式，使企业内部的个体、群众的目标、行为、态度与企业的要求和理念一致，发挥集体优势，提高企业的生产力和效益。

（3）保持。通过薪酬、考核，晋升等一系列管理活动，保持员工的积极性、主动性、创造性，维护劳动者的合法权益，保证员工拥有安全、健康、舒适的工作环境，以增进员工满意感，使之安心工作。

（4）评价。对员工工作成果、劳动态度、技能水平以及其他方面做出全面考核、鉴定和评价，为奖惩、升降、去留等决策提供依据。

（5）发展。通过员工培训、工作丰富化、职业生涯规划与开发，促进员工知识、技巧和其他方面素质的提高，使其劳动能力得到增强和发挥，最大限度实现其个人价值，提高其对企业的贡献，达到员工个人和企业共同发展的目的。

4. 成功团队的特征

（1）目标明确。团队的目标明确，成员清楚自己工作对目标的贡献。

（2）结构清晰。团队的组织结构清晰，岗位明确。

（3）流程简明。团队有成文的工作流程和方法，而且流程简明有效。

（4）赏罚分明。项目经理对团队成员有明确的考核和评价标准，工作结果公正公开，赏罚分明。

（5）纪律严明。团队有共同制订并遵守的组织纪律。

（6）工作协同。团队成员互相信任，协同工作，善于总结和学习。

项目组成员表如表7.6所示。

表7.6 项目组成员表

项目基本情况							
项目名称				项目编号			
制作人				审核人			
项目经理				制作日期			
项目组成员							
成员姓名	项目角色	所在部门	职责	项目起止日	投入频度及工作量	联系电话	主管经理

7.7.4　采购管理

采购管理是指从项目团队外部采购所需产品、服务、成果的过程。

采购管理依据的法律和条例有《中华人民共和国政府采购法》《中华人民共和国政府采购法实施条例》《中华人民共和国招标投标法实施条例》《中华人民共和国招标投标法实施条例》等。

1. 采购审计

采购审计是指为了查明有关经济活动和经济现象与既订标准之间的一致程度，而客观地收集和评估证据，并将结果传递给有利害关系的使用者的过程。

2. 采购过程

采购管理过程包括编制采购计划、实施采购、采购控制、结束采购 4 个步骤。

采购需求的类型通常有独立需求和从属需求。独立需求指的是那些不依赖其他产品或服务的需求，它们是自主产生的，不受其他采购项目的影响。从属需求是指那些依赖其他采购项目或生产活动的需求，这种需求通常是由生产计划、物料清单或其他相关活动驱动的。

3. 采购变更

采购变更的管理流程如下。

(1)项目经理向采购部确认采购进度，对于前面的采购需求及时做出撤回处理。

(2)由项目经理与甲方对设备的变更进行商务合同盖章确认。

(3)就变更后的设备，和采购部门进行重新确认。

(4)采购部门依据变更后的合同制订采购计划。

(5)实施采购计划，进行询价比价、采购谈判、签订采购合同等流程。

采购管理中有关招投标管理的内容已经在第 3 章详细讲解过，此处不再赘述。

思考题

1. 质量控制的方法和技术有哪些？
2. 风险沟通主要包括哪些内容？
3. 如何进行项目风险管理？
4. 沟通管理的作用是什么？
5. 如何组建一支成功的项目团队？

第三篇　物联网工程项目实施

第 8 章

物联网工程项目需求分析

 项目任务

- 对选定项目进行需求收集
- 选择合适的工具和方式对选定项目进行需求分析
- 撰写需求规格说明书

8.1　需求分析概述

需求分析是指获取物联网系统需求并对其进行归纳整理的过程，用于将用户非形式的需求表述转化为完整的需求定义，从而确定系统必须做什么。

需求分析的过程就是将用户需求转化为产品需求，再转化为产品功能的过程。用户需求大多表现为用户的解决方案，要先确认解决方案，产品功能一定是从用户需求转化而来，不是凭空想象出来的。

物联网需求描述了物联网系统的行为、特性或属性，是设计、实现物联网工程项目的约束条件。

8.2　需求分析目标和内容

1. 物联网工程项目需求分析的目标

（1）全面了解用户需求。全面了解设备和人员现状、技术力量、应用要求、计划投入资金状况、物联网中节点数目及地理位置分布、数据流量和流向，以及当前具备的通信情况等。

（2）确定物联网工程项目需要具备的功能目标和性能指标要求。明确项目在完成后需要达到的近期和远期目标及要实现的各项功能。

（3）分析成本和效益。将建立整个项目的人力、物力、财力的投入与可能产生的经济、社会效益进行对比，从而论证该项目的可行性。

(4)编制翔实的用户需求分析文件，为设计者提供设计依据。

在物联网工程项目中，需求分析的基本任务是准确回答"物联网工程必须做什么"，即工程任务的确定。

对于软件的需求分析来说，目前没有统一的定义，但应包含以下几个方面的内容。

(1)用户解决问题或达到目标所需的条件。

(2)系统要满足合同、标准、规范或其他正式文件所规定的条件。

(3)一种反映(1)或(2)所述条件的文件说明，它包括功能性需求及非功能性需求。其中，非功能性需求对设计和实现提出了限制，如性能要求、质量标准或设计限制。

2. 需求的内容

需求包括 3 个不同的层次，分别是业务需求、用户需求和功能需求/非功能需求。

(1)业务需求：表示组织或用户高层次的目标。业务需求通常来自项目投资人、购买产品的用户、实际用户的管理者、市场营销部门或产品策划部门。业务需求描述了组织开发一个系统的目的，或是组织希望达到的目标。

(2)用户需求：描述用户的目标，或用户要求系统必须完成的任务。用例、场景描述和事件响应表都是表达用户需求的有效途径。也就是说，用户需求描述了用户能使用系统来做些什么。

(3)功能需求/非功能需求：开发人员必须在产品中实现的软硬件的功能，用户利用这些功能来完成任务，满足业务需求。作为补充，软件需求规格说明还必须包括非功能需求，它描述了系统展现给用户的行为和执行的操作等，包括产品必须遵从的标准、规范和合约、外部界面的具体细节、性能要求、设计或实现的约束和过程约束。

3. 需求工程的活动

需求工程的活动主要被划分为以下 5 个阶段。

(1)需求获取。通过与用户的交流，对现有系统进行观察，并对任务进行分析，从而开发、捕获和修订用户的需求。

(2)需求分析。为系统建立一个概念模型，作为对需求的抽象描述，并尽可能多地捕获现实世界的语义。

(3)形成需求规格(也称为需求规格说明书)。按照相关标准，生成需求模型的文件描述。用户原始需求说明书作为用户和开发者之间一个协约，往往作为合同的附件，也作为后续系统开发指南。

(4)需求确认与验证。以需求规格说明为输入，通过用户确认、复审会议、模拟仿真、快速原型等途径与方法，确认和验证需求规格的完整性、正确性、一致性、可测性和可行性，包含有效检查、可行性检查和确认可验证性。

(5)需求管理。包括需求文件的追踪管理、变更控制、版本控制管理等。

8.3 需求收集

用户需求陈述可由用户单方面写出，也可由业务分析员、系统分析员和用户共同写出。需求陈述的内容包括问题范围、功能需求、应用环境及假设条件等，此外还包含设计相关工程的标准、技术方案、将来可能做的扩展及可维护性要求等方面的约束条件，因此需求陈述应该阐明"做什么"。需求收集具体的实施过程如下。

1. 制订周密的需求分析收集计划

（1）计划详细：包括具体的时间、地点、实施人员、访谈对象、访谈内容等。

（2）内容细致：应针对不同的需求内容，分别制订记录表格，供所有人员使用。

（3）格式规范：力求信息收集过程的规范化、信息的完整性，方便日后对不同人员收集的信息进行分析处理。

2. 根据计划分工进行信息收集

（1）通过相关管理部门了解用户的行业状况、通用的业务模式、外部关联关系、内部组织结构。

（2）通过高层管理者了解建设目标、总体业务需求、投资预算等信息。

（3）通过业务部门了解具体业务需求、使用方式等信息。

（4）通过技术部门了解具体的设备需求、网络需求、维护需求、环境状况等信息。

3. 物联网工程项目需求收集

（1）应用背景信息的收集。

对某一特定应用的物联网工程项目（智能交通、智能医疗）进行市场需求调研、分析和数据整理，以此作为某一特定物联网产品开发和项目的决策依据，也可用来指导物联网企业的生产、销售。本部分内容一般根据具体的物联网工程项目来确定。

（2）业务需求信息的收集。

物联网工程项目的业务需求内容主要包括了解用户的业务类型、物品信息的获取方式、应用系统功能、信息服务的方式，具体内容如下。

1）被感知物品及其分布。

2）感知信息的种类、感知并控制设备与接入的方式。

3）现有或需新建系统的功能。

4）需要集成的应用系统。

5）需要提供的信息服务种类和方式。

6）拟采用的通信方式及网络带宽。

7）用户数量。

4. 业务需求收集

（1）确定主要相关人员。

确定重点访谈对象，主要是与两类人员重点沟通：一是决策者，负责审批物联网设计方案或决定投资规模的管理层；二是信息提供者，负责解释业务战略、长期计划和其他常见的业务需求。

（2）确定关键时间点。

1）最后期限。项目的时间限制是完工的最后期限。

2）里程碑。对于大型项目，必须制订严格的项目实施计划，确定各阶段及关键的时间点，同时这些时间点的产物也是重要的里程碑。

3）日程表。在计划设定后，就形成项目阶段建设日程表，这个日程表在得到项目的更多信息后还可以进一步细化。

（3）确定物联网的投资规模。

1）费用决定整体等级。投资规模将直接影响到物联网工程的设计思路、技术路线、设备购置、服务水平。

2）合理。面对确定的物联网规模，投资的规模也必须合理并符合工程要求，存在一个投资最低限额，如低于该限额，则会出现资金缺乏等问题，导致物联网建设失败。

3）分期问题。应根据工程建设内容进行核算，将一次性投资和周期性投资都纳入考虑范围，并据实向管理层汇报费用问题。

4）全面。计算系统成本时，有关网络设计、实施和维护的每一类成本都应该纳入考虑中。

（4）确定业务活动。

1）具体内容参考需求分析中的业务需求分析。

2）通过对业务活动的了解，来明确物联网的需求。

3）通过对业务类型的分析，形成各类业务对物联网的需求，主要包括最大用户数、并发用户数、峰值带宽、正常带宽等。

（5）确定网站和互联网的连接性。

1）网站可以自己构建，也可以由网络服务提供商提供。

2）确定特殊业务需求。

3）确定接入方式。

（6）确定物联网的远程访问。

1）远程访问是指从外部网络访问内部网络、企业网络。

2）可借助加密技术、VPN 等技术，从远程网络来访问内部网络。

3）根据需求分析，确定项目是否具有远程访问的功能，或是根据物联网的升级需要，考虑物联网的远程访问。

5. 安全性需求收集

物联网因为其泛在性、暴露性、终端处理能力弱、对物理世界的精确控制等特殊性，所以既具有普通互联网的安全性需求，也具有一些特殊的安全性需求，其需求的收集内容如下。

（1）敏感数据的分布及其安全级别。

（2）网络用户的安全级别及其权限。

（3）可能存在的安全漏洞及其对物联网应用系统的影响。

（4）物联网设备的安全功能要求。

（5）网络系统软件的安全要求。

（6）应用系统安全要求。

（7）安全软件的种类。

（8）拟遵循的安全规范和达到的安全级别。

6. 通信量及其分布信息的收集

物联网的通信量是物联网各部分产生的信息量的总和，这是设计网络带宽、存储空间、处理能力的基础。收集的通信量及其分布信息如下。

（1）每个节点产生的信息量及其按时间分布的规律。

（2）每个用户要求的通信量估算及其按时间分布的规律。

（3）接入互联网的方式及其带宽。

（4）应用系统的平均、最大通信量。

（5）并发用户数、最大用户数。

(6)按日、按月、按年生成且需长期保存的数据量、临时数据量。

(7)每个节点或终端允许的最大延迟时间。

7. 物联网环境信息收集

物联网环境是用户的地理环境、网络布局、设备分布的总称，是进行拓扑设计、设备部署、网络布线的基础。需要收集的物联网环境信息如下。

(1)相关建筑群的位置。

(2)用户各部门的分布位置及各办公区的分布。

(3)建筑物内、办公区的强弱电位置。

(4)各办公区信息点的位置与数量。

(5)感知设备及互联化物品的分布位置、类型、数量、接入方式。

(6)接入网络的位置、接入方式。

8. 管理需求收集

物联网的管理非常重要，高效的管理能提高运营效率。物联网的管理主要包括管理规章与策略，以及网络管理系统和远程管理操作。需要收集的管理需求一般有以下内容。

(1)实施管理的人员。

(2)管理的功能。

(3)管理系统及其供应商。

(4)管理的方式。

(5)需要管理、跟踪的信息。

(6)管理系统的部署位置与方式。

9. 扩展性需求收集

扩展性需求包括 3 个方面。

(1)新的部门、设备能否简单、方便地接入。

(2)新的应用能否无缝地在现有系统上运行。

(3)现有系统能否支持更大的规模，以及在扩展后保持健壮性，主要内容如下。

1)用户的业务增长点。

2)需要淘汰、保留的设备。

3)网络设备、通信线路预留的数量、位置。

4)设备的可升级性。

5)系统软件的可升级性、可扩展性。

6)应用系统的可升级性、可扩展性。

10. 传输网络需求收集

传输网络需求收集主要包括骨干网、接入网的类型、带宽，网络的覆盖范围与规模，网络的协议类型及其通信性和兼容性。

11. 数据处理需求收集

数据处理需求收集主要包括数据的存储和表现形式。

8.3.1　需求收集方法

需求收集的方法包括以下内容。

1. 问卷调查法

问卷的设置可包含开放性问题和封闭式问题两种类型。

(1)开放式问题。开放式问题的回答不受限制，自由灵活，能够激发用户的思维，使他们能尽可能阐述自己的真实想法。但是，对开放式问题进行汇总和分析比较复杂。

(2)封闭式问题。封闭式问题的答案是预先设定的，用户只能从若干答案中进行选择。封闭式问题便于对问卷信息进行归纳与整理，但是会限制用户的思维。

2. 访谈

在进行访谈之前，开发人员要先确定访谈的目的，预先准备好希望通过访谈解决的问题。在访谈的过程中，开发人员要根据用户的身份特点进行提问，给予启发。当然，进行详细的记录也是访谈过程中必不可少的工作。访谈完成后，开发人员要对访谈的收获进行总结，写明已解决的和有待进一步解决的问题。

3. 跟踪作业

开发人员还会以用户的身份直接参与现有系统的使用，通过实地操作，得到的信息会更加准确和真实。但是，这种方法比较费时间。

4. 原型法

在初步获取需求后，开发人员会快速开发一个原型系统。通过对原型系统进行模拟操作，开发人员能及时获得用户的意见，从而明确需求。构建原型的流程如图8.1所示。

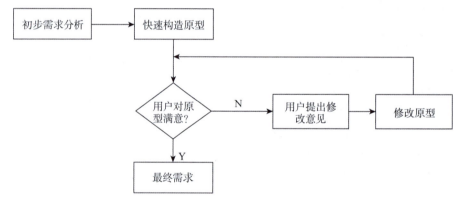

图8.1 构建原型的流程

5. 文件"考古"

通过纸质文件，或通过网络，对以往相关项目进行分析，找到项目之间的相通性，从而指导当前项目的需求内容。

6. 头脑风暴

在一些新的软件项目中，由于业务是新出现的，而且业务流程存在高度不确定性，因此可以通过项目干系人围绕新业务发散思维，提出新的观点，参会者敞开思想，使各种观点在相互碰撞中成熟，从而确定具体的需求。

8.3.2 需求收集工具

需求收集工具是用于收集、管理、跟踪和分析项目或产品需求的工具，它们可以帮助团队更有效地处理需求，提高工作效率和项目成功率。

在需求收集过程中，可采用电子表格文档、产品管理工具、项目管理工具、调查和反馈工具或社交协作工具等完成。

1. 电子表格工具

可以使用用户服务表来收集和归档需求类型信息，也可以用来指导管理人员和物联网用户的讨论。表格的形式和内容可根据物联网具体项目来定义，一个简单的用户需求收集示例如表 8.1 所示。

表 8.1 用户需求收集示例

用户服务需求	服务或需求描述
地点	
用户数量	
感知节点数量	
通信方式	
可靠性/可用性	
平台要求	
安全性	
可伸缩性	
成本	
控制要求	
其他	

电子表格的生成可以使用如 Excel、腾讯文件等工具，这类工具具有很强的灵活性和易用性，使用它们可以很方便地存储、分类和分析需求数据，同时也可以生成一些基础的统计图表。但这类工具因为协作能力有限、版本管理困难、追溯难、缺乏需求跟踪功能，所以仅适合个人或小团队，以及偶然使用的场景。

2. 产品管理工具/需求追踪和管理系统

PingCode、亿图、Project 工具主要面向产品经理和产品团队，用它们不仅可以收集和管理需求，还可以进行市场分析，制订产品路线图，以及其他产品管理相关的任务。这类工具更适用于需要进行复杂需求管理的项目，如大型 IT 项目和工程项目。它们提供了全面的需求管理功能，包括需求收集、需求跟踪、需求分析、需求变更等。

3. 项目管理工具

Worktile、Jira 等工具通常具备需求收集、需求跟踪和项目进度管理等多种功能。它们一般都支持团队协作，支持多人同时对需求进行编辑和更新。

4. 调查和反馈工具

金数据、麦客、Google Forms、Typeform 等工具主要用来收集用户的需求和反馈，它们一般都提供了丰富的问题类型和设计模板，可以根据需要定制调查问卷。

5. 社交和协作工具

钉钉、Slack、Microsoft Teams 等工具可用于在团队内部进行需求讨论和分享，它们集成其他工具(如 Jira、Trello 等)，还可以用来进行需求管理。

8.4　需求分析

需求分析是根据前期收集的需求，把一个复杂的物联网系统对象分解成为简单的组成部分，找出这些部分的基本属性和彼此之间的关系的过程。其基本任务就是系统分析师和用户在充分了解用户需求的基础上，把双方对项目的理解表达为系统需求规格说明书。

需求分析有结构化的分析方法和面向对象的分析方法。无论是结构化的分析方法还是面向对象的分析方法，最早都是面向软件工程项目的，也就是应用在软件开发过程中，我们也可以借助它们来实现物联网工程项目的开发。

8.4.1　结构化需求分析

1978 年，尤顿（E. Yourdon）和康斯坦丁（L. L. Constantine）提出了结构化分析与设计（Structured Analysis and Structured Design，SASD）方法，也可以称为面向功能的或面向数据流的分析方法。

SASD 方法包括结构化分析（Structured Analysis，SA）方法、结构化设计（Structured Design，SD）方法和结构化程序设计（Structured Programming，SP）方法，这里着重介绍 SASD 方法在项目需求分析中的应用。

1. SA 方法

SA 方法是一种软件开发方法，一般利用图形表达用户需求，强调开发方法的结构合理性以及所开发软件的结构合理性。

SA 方法的步骤如下。

（1）分析业务情况，做出能反映当前物理模型的数据流图（Data Flow Diagram，DFD）。

（2）推导出等价逻辑模型的 DFD。

（3）设计新的逻辑系统，生成数据字典和基元描述。

（4）建立人机接口，提出可供选择的目标系统物理模型的 DFD。

（5）确定各种方案的成本和风险等级，据此对各种方案进行分析。

（6）选择一种方案。

（7）建立完整的需求规约。

（8）结构化分析常用的手段就是数据流图和数据字典。

2. 数据流图

数据流图建模方法也称为过程建模和功能建模。数据流图建模方法的核心是数据流，从应用系统的数据流着手，以图形方式刻画和表示一个具体业务系统中的数据处理过程和数据流。数据流图建模方法首先抽象出具体应用的主要业务流程，输入、输出和数据存储。

数据流图和第 2 章中的系统流图都是用于描述系统的工具，二者虽然在表示形式上有些相似，但在描述的角度和重点上存在显著差异，主要区别有：系统流图主要从系统功能的角度抽象地描述系统的各个部分及其相互之间信息流动的情况，它关注的是系统中各个组件或模块之间的交互关系，以及整体的控制流程，更倾向于描述系统的物理模型，即实际系统中各个组件的连接和交互方式；数据流图主要从数据传送和加工的角度抽象地描述信息在系统中的流动和数据处理的工作状况，它着重于数据的流动、处理和转化过程，展示数据的来源、目的以及在不同模块间的传递情况，更倾向于描述系统的逻辑模型。

数据流图显示数据来自哪里，哪个活动处理这些数据，并且输出结果是否需要存储或被其他活动或外部实体使用。

使用数据流图建模方法的步骤如下。

（1）确定系统的边界。首先需要确定系统的边界，也就是哪些部分属于系统内的范围，哪些部分不属于。系统的边界通常是由系统的功能决定的。

（2）识别主要的数据流。在确定了系统的边界后，接下来需要识别主要的数据流。数据流是指在一个系统中，数据从一个地方流向另一个地方的路径。例如，一个订单系统可能会有"订单数据"从"用户"流向"订单处理系统"，然后流向"库存管理系统"。

（3）识别数据的处理过程。数据的处理过程是指在系统中对数据进行操作的过程。例如，在一个订单系统中，"订单处理系统"可能会对"订单数据"进行"验证""更新库存"等操作。

（4）识别数据的存储。数据的存储是指在系统中保存数据的地方。例如，在一个订单系统中，可能会有"用户数据库""订单数据库"等。

（5）绘制数据流图。根据以上步骤的信息，绘制数据流图。

值得注意的是，数据流图显示系统将输入和输出什么样的信息、数据如何通过系统前进以及数据将被存储在何处。它不显示关于进程计时的信息，也不显示关于进程将按顺序还是并行运行的信息。

3. 数据流图的符号

数据流程图的绘制需要使用到诸多类型的图形符号，可以采用 Visio、StarUML 或在线绘图工具 ProcessOn 实现数据流图的绘制。数据流图图示如图 8.2 所示。

（1）数据源。系统之外独立存在但又和系统有联系的实体，用来表示数据的外部来源和去向。

（2）处理过程。描述"输入数据流"到"输出数据流"之间的变换，即对数据进行了什么样的处理，使得"输入数据流"变为"输出数据流"。在程序中呈现的是处理数据的过程，向"加工"中输入数据流后，将数据进行加工、处理、变换后，产生新的"输出数据流"。使用圆形或圆角矩形表示。

（3）数据存储。数据储存的地方。数据存储的粒度以表为单位。每个数据存储都有名字，流向文件的数据流表示向文件内写入内容，从文件流出的数据流表示从文件内读取内容。

（4）数据流。数据流由一组固定成分的数据组成，表示数据的流向。每个数据流都有一个命名，该命名表达了该数据流传输的数据的含义。

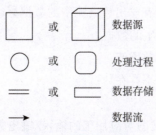

图 8.2 数据流图图示

4. 数据流图绘制

根据层级，数据流图可以分为顶层数据流图、中层数据流图和底层数据流图。除顶层数据流图外，其他数据流图都从零开始编号。

顶层数据流图只含有一个加工，该加工表示整个系统。输出数据流和输入数据流为系统的输入数据和输出数据，表明系统的范围，以及与外部环境的数据交换关系。

中层数据流图是对父层数据流图中某个加工环节进行细化，而它的某个加工也可以再次细化，形成子图。中间层次的数目一般视系统的复杂程度而定。

数据流图的分层表示如图 8.3 所示。

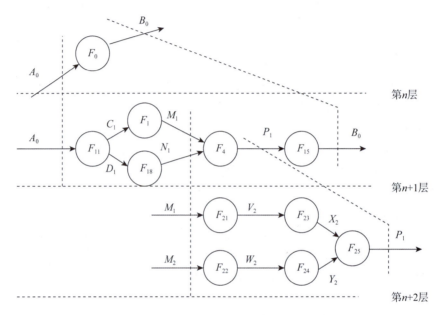

图 8.3　数据流图的分层表示

5. 数据流图设计原则

数据流图的设计遵守以下原则。

（1）守恒加工原则。

1）一个加工的输出数据流不应与输入数据流同名，即使它们的组成成分相同。

2）每个加工必须既有输入数据流，又有输出数据流。

3）数据流与加工有关，且必须经过加工。

（2）数据守恒原则。

1）对任何一个加工来说，所有输出数据流中的数据必须能从该加工的输入数据流中直接获得，或者是通过该加工能产生的数据。

2）外部实体之间不应该存在数据流。

3）数据存储与数据存储之间不存在数据流。

（3）父图与子图的平衡原则。

子图的输入/输出数据流同父图对应加工的输入/输出数据流必须一致。

加工中常用的关系符号如表 8.2 所示。

表 8.2　加工中常用的关系符号

符号	含义
$A \xrightarrow{*} (T) \rightarrow C$，$B$	由数据 A 和 B 共同变换为数据 C
$A \rightarrow (T) \xrightarrow{*} B$，$C$	由数据 A 变换为数据 B 和数据 C
$A \xrightarrow{+} (T) \rightarrow C$，$B$	由数据 A 或 B，或者数据 A 和 B 共同变换为数据 C
$A \rightarrow (T) \xrightarrow{+} B$，$C$	由数据 A 变为数据 B 或 C，或者同时变为数据 B 和 C
$A \xrightarrow{\oplus} (T) \rightarrow C$，$B$	由数据 A 或 B 其中之一变换为数据 C
$A \rightarrow (T) \xrightarrow{\oplus} B$，$C$	由数据 A 变为数据 B 或 C 其中之一

6. 数据流图应用

下面以一个智能家居系统应用层需求分析为例，采用数据流图对其进行分析。

首先给出智能家居系统的顶层数据流图，顶层数据流图中只有一个加工，就是系统本身，如图 8.4 所示。

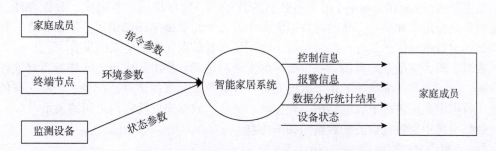

图 8.4　智能家居系统顶层数据流图

接着可以将系统逐步进行细化，形成中层数据流图。中层数据流图根据细化的程度可以有多个，对其逐步细化，细化、分解的过程要遵循数据流图设计原则。细化的 0 层数据流图如图 8.5 所示。

同样，根据实际情况，将其他功能逐步细化，形成最后的数据流图。

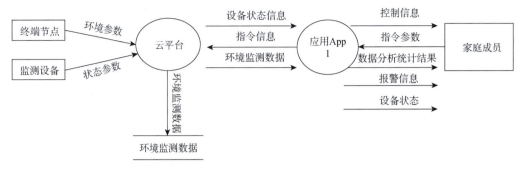

图 8.5　智能家居系统细化的 0 层数据流图

以其中的云平台功能为例，其进一步细化形成 1 层数据流图，如图 8.6 所示。

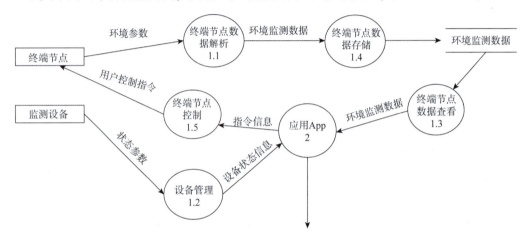

图 8.6　智能家居系统云平台 1 层数据流图

7. 数据字典

数据字典(Data Dictionary)用于对数据的数据项、数据结构、数据流、数据存储、处理逻辑等进行定义和描述，从而对数据流图中的各个元素做出详细说明。简而言之，数据字典是描述数据的信息集合，是对系统中使用的所有数据元素的定义的集合。

数据字典为整个系统提供了一个统一的术语和定义，使团队成员之间能够更好地理解和沟通。数据字典详细描述了每个数据元素，包括数据元素的名称、类型、长度、取值范围等。数据字典还描述了数据结构，如记录、文件、数据库以及它们之间的关系。

数据字典中应该包括关于数据的如下信息。

(1)一般信息(名字、别名、描述等)。

(2)定义(数据类型、长度、结构等)。

(3)使用特点(值的范围、使用频率、使用条件、使用方式、条件值等)。

(4)控制信息(用户、使用特点、改变数、使用权等)。

(5)分组信息(文件结构、从属结构、物理位置等)。

8.4.2　面向对象需求分析

面向对象的需求分析基于面向对象的思想，以用例模型为基础。开发人员在获取需求的基础上，建立目标系统的用例模型。所谓用例，是指系统中的一个功能单元，可以描述为操作者与系统之间的一次交互。

系统的使用者即用例的操作者。操作者在系统之外，透过系统边界与系统进行有意义交互的任何事物。"在系统之外"是指操作者本身并不是系统的组成部分，而是与系统进行交互的外界事物。这种交互应该是"有意义"的交互，即操作者向系统发出请求后，系统要给出相应的回应。操作者并不限于人，也可以是时间、温度和其他系统等。

　　可以把操作者执行的每一个系统功能都看作一个用例。可以说，用例描述了系统的功能，涉及系统为了实现一个功能目标而关联的操作者、对象和行为。识别用例时，要注意用例是由系统执行的，并且用例的结果是操作者可以观测到的。用例是站在用户的角度对系统进行的描述，所以描述用例要尽量使用业务语言而不是技术语言。

　　可以采用统一建模语言（Unified Modeling Language，UML）中的 UseCase 图实现对需求的描述。

1. UseCase 图

UseCase 图中包括参与者、用例和关系。

　　（1）参与者。参与者表示与应用程序或系统进行交互的用户、组织或外部系统，它通过与系统交互来触发系统的某些行为或响应某些事件。参与者的表示方式如图 8.7 所示。

图 8.7　参与者的表示方式

　　（2）用例。用例就是外部可见的系统功能，对系统提供的服务进行描述。用椭圆表示，其表示方式如图 8.8 所示。用例定义了系统是如何被参与者所使用的，它描述的是参与者为了使用系统所提供的某一功能而与系统发生的交互。

图 8.8　用例的表示方式

　　（3）关系。UseCase 图中参与者和用例之间的关系用线条表示。箭头指向表示了参与者的行为方向。UseCase 图所包含的关系又可以分为关联、泛化、包含、扩展等，如表 8.3 所示。

表 8.3　用例图中的关系

关系类型	说明	表示符号
关联	参与者与用例之间的关系	——————
泛化	参与者之间或用例之间的关系	————————▷
包含	用例之间的关系	<<includes>> ---------▷
扩展	用例之间的关系	<<extend>> ---------▷

　　1）关联关系：表示参与者与用例之间的通信，可用带箭头或不带箭头的线表示。如智能家居系统用户利用温度查询功能，其利用关联关系表示如图 8.9 所示。一个参与者可以访问多个用例，一个用例也可以被多个参与者访问。

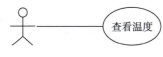

图 8.9　关联关系示例

2）泛化关系：就是通常理解的继承关系。泛化关系用于参与者与参与者（或用例与用例）之间，表示一个参与者（用例）是另一个参与者（用例）的特化。这种关系以实线箭头连接，箭头指向通用的一方，其示例如图 8.10 所示。

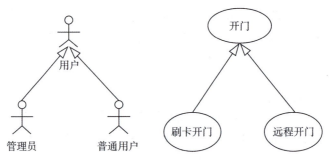

图 8.10　泛化关系示例

3）包含关系：用来把一个较复杂用例所表示的功能分解成较小的步骤。包含关系最典型的应用就是复用，其示例如图 8.11 所示。

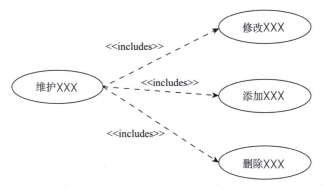

图 8.11　包含关系示例

4）扩展关系：用例功能的延伸，相当于为基础用例提供一个附加功能。如图 8.12 所示为智能家居系统中的自动报警功能，可以扩展为用例"查看详细报警信息"和"联系紧急服务人"。扩展用例依赖被扩展用例，只是部分片段，不是完整的独立用例，无法单独执行。

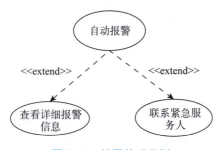

图 8.12　扩展关系示例

2. 识别用例

在实际应用中，可以先从角色出发来识别用例，角色一定是存在于系统边界之外的，与系统发生某些交互的对象。角色不仅可以由实现业务中的人来扮演，也可以是某些存在于系统之外的其他系统、数据库、定时器等。

以智能家居系统中的 App 应用软件为例，其用例图如图 8.13 所示。

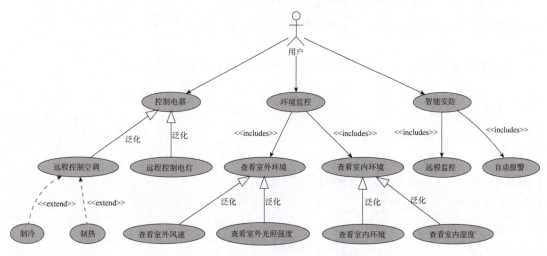

图 8.13　智能家居系统 App 用例图

3. 用例描述

用例描述用来对用例进行说明，用文本的方式将用例的参与者、目标、场景等信息描述出来。用例描述一般包括简要描述(说明)、前置(前提)条件、基本事件流、其他事件流、异常事件流、后置(事后)条件。

(1)简要描述(说明)：对用例的角色、目的的简要描述。

(2)前置(前提)条件：执行用例之前系统必须要处于的状态，或者要满足的条件。

(3)基本事件流：描述该用例的基本流程，指每个流程都正常运作时所发生的事情，没有任何备选流和异常流，只有最有可能发生的事件流。

(4)其他事件流：表示这个行为或流程是可选的或备选的，并不是总要执行它们。

(5)异常事件流：表示发生了某些非正常的事情所要执行的流程。

(6)后置(事后)条件：用例一旦执行后系统所处的状态。

用例描述示例如表 8.4 所示。

表 8.4　用例描述示例

项目	内容描述
ID	用例的标识
名称	对用例内容的精确描述，体现了用例所描述的任务
参与者	描述系统的参与者和每个参与者的目标
触发条件	标识启动用例的事件，可能是系统外部的事件，也可能是系统内部的事件，还可能是正常流程的第一个步骤
前置条件	用例能正常启动或工作的系统状态条件

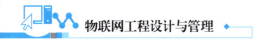

续表

项目	内容描述
后置条件	系统执行后的系统状态条件
正常流程	在常见和符合预期的条件下，系统和外界的行为交互序列
扩展流程	用例中可能发生的其他场景
特殊需求	和用例相关的其他特殊要求，特别是非功能性需求

上述智能家居系统中的"查看室内温度"用例的描述如表 8.5 所示。

表 8.5 "查看室内温度"用例的描述

项目	内容描述
名称	查看室内温度
ID	06
简单描述	远程查看温度传感器采集室内温度情况
主参与者	家庭用户
副参与者	无
前置条件	有检测到温度数据
主流	(1)读取传感器数据； (2)数据封装上传云平台； (3)获取云平台温度数据； (4)解析温度数据； (5)显示当前温度数据
后置条件	存储数据
附加流	无

8.4.3 系统目标

当识别出所有的需求及项目干系人后，接下来需要定义待开发系统的目标。在实际开发中，系统目标和项目干系人密切相关，项目干系人提供了系统目标，同时目标也影响项目干系人对系统目标的取舍。

给出系统目标时，要尽量将目标明确定义，并说明对这些目标验证的标准。通过对系统目标的整理，还要确保这些目标或目标的内部之间不会有矛盾的地方，从整体上看，项目的各个部分要保持一致。总之，系统的目标界定能够说明系统应该做什么，不应该做什么。系统目标定义示例如表 8.6 所示。

表 8.6 系统目标定义示例

项目	内容描述
目标	设置该目标可以满足的期望值
对项目干系人的影响	对应的项目干系人及其影响
边界条件	附加条件或者约束

项目	内容描述
依赖	是否依赖其他目标，与其他目标的关系如何
其他	其他需要说明的内容

8.5 需求分析说明书的撰写

需求分析说明书也称为需求规格说明书或系统需求说明书，它是一个详细的技术文件，用于描述一个系统或软件应用程序的需求。这份文件是软件开发过程中的关键，它为开发团队提供了明确的方向和指导，确保最终开发出的产品满足用户的期望和要求。

需求分析结束以后，需要对需求分析工作进行全面总结，形成需求分析说明书。需求分析说明书的撰写要简单、直接、易懂，尽量使用行业术语，避免技术术语。

在撰写需求分析说明书时，使用清晰、专业的语言和格式非常重要，务必确保每个需求都是准确和明确的，以便开发团队能够准确理解并实现它们。此外，与利益相关者保持沟通，确保所有需求都得到满足，也是成功撰写需求分析说明书的关键。

一份需求规格说明书中包含的内容大致如下。

(1)标题页：放在文件的最上方，包括项目名称、版本号、编写日期、作者或负责人信息等。

(2)概述：简要介绍项目的背景、目的和范围，明确说明文件的目的和预期读者。

(3)项目干系人描述：列出并描述与项目相关的利益相关者，包括他们的角色、利益和影响。

(4)功能需求：详细列出系统的各项功能，每个功能都应有明确的描述、输入、处理过程和输出，可以使用用例图来辅助描述。

(5)非功能需求：描述系统应具备的非功能属性，如性能、可用性、安全性、兼容性等方面的要求。

(6)约束和假设：列出在项目开发和需求实现过程中需要遵循的约束条件，以及任何假设或限制。

(7)数据需求：描述系统所需的数据来源、格式、质量、存储和处理方式。

(8)接口需求：描述系统内部和外部的接口需求，包括硬件接口、软件接口、人机界面等。

(9)部署和运行环境需求：描述系统所需的部署和运行环境，包括硬件设备、操作系统、网络环境等。

(10)验收标准：列出验证系统是否满足需求的测试和验收标准。

(11)附录：可以包括任何附加的图表、数据、参考文件或其他支持材料。

(12)审查和批准：在文件的结尾应列出审查和批准的记录，表明该文件已经通过审查并获得批准。

以智能家居系统项目为例，需求分析说明书内容的撰写可参考如下形式，可根据具体项目进行修改。

智能家居系统项目需求分析说明书

思考题

1. 可以通过哪些方法对选定项目进行需求分析?
2. 可以通过哪些工具进行需求描述?
3. 面向对象需求分析的优势是什么?
4. 如何正确识别项目中的用例?

第 9 章

物联网工程项目架构设计

项目任务

- 在需求分析的基础上，完成选定物联网工程项目的体系架构设计及总体功能设计
- 进行合理的设备选型，包括云平台选型、通信协议选型及感知设备选型
- 撰写项目设计方案

9.1 物联网系统架构

通过项目需求分析，形成对项目要"做什么"的详细调查研究之后，就进入总体方案设计阶段。

物联网系统的总体方案设计是在前期系统分析的基础上，对整个系统的划分、机器设备(包括软、硬设备)的配置、数据的存储规模以及整个系统实现规划等方面进行的整体框架结构设计。

物联网工程总体方案设计包括体系架构设计、系统功能总体方案设计、网络总体方案设计等，其中网络总体方案设计又分为无线传感网络设计、逻辑网络设计、物理网络设计。本章重点讨论体系架构设计和系统功能总体方案设计。

9.1.1 物联网基础架构

物联网基础平台架构包括 3 个逻辑层，即感知层、通信层、应用层，如图 9.1 所示。

1. 感知层

感知层处在物联网的最底层，传感器系统、标识系统、卫星定位系统、相应的信息化支撑设备(如计算机硬件、服务器、网络设备、终端设备等)和数据采集设备组成了感知层的最基础部件，其主要用于采集包括各类物理量、标识、音频和视频数据等在内的物理世界中发生的事件和数据。

2. 通信层

通信层由私有网络、互联网、有线和无线通信网、网络管理系统等组成，在物联网中

起到传输信息的作用。该层主要用于在感知层和应用层之间进行数据传输，它是连接感知层和应用层的桥梁。

3. 应用层

应用层主要包括物联网应用和物联网应用支撑子层，其功能有两方面：一方面是完成数据的管理和数据的处理；另一方面是将这些数据与各行业信息化需求相结合，实现广泛智能化应用解决方案。

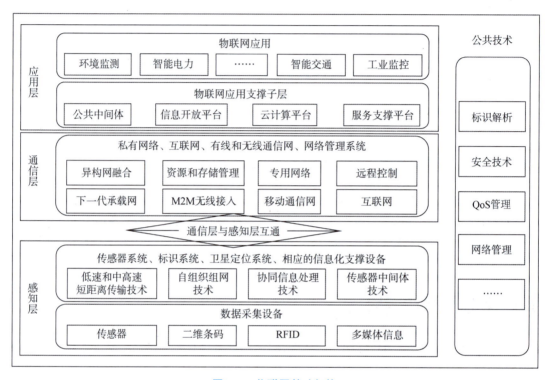

图 9.1 物联网基础架构

9.1.2 物联网云平台架构

随着物联网与互联网、人工智能、5G、大数据等技术的发展，人类社会迎来了智能化时代。

一般情况下，一台终端无法和不在同一个局域网下的其他终端直接点对点通信，这时需要一个位于互联网上的服务器实现中转，这个服务器就是现在流行的物联网云端。

物联网云端为设备提供安全可靠的连接通信能力，向下连接海量设备，支撑设备数据采集上云，向上提供云端 API，服务端通过调用云端 API 将指令下发至设备端，实现远程控制。

物联网云平台系统架构主要包含 6 个组件：设备接入、设备管理、规则引擎、安全认证及权限管理、数据展示和数据分析。

1. 设备接入

可以在智能设备与云端之间建立安全的双向连接，设备接入一般包括以下 5 种类型。

(1)协议接入。使用 MQTT、HTTP 等协议接入数据，并根据场景定义不同主题进行消息发布订阅。

(2)设备鉴权认证。以网关为单位，对接入数据主题做发布订阅鉴权认证，实现主题级别的权限隔离，提高接入安全性。

（3）数据转换解析。对接入的异构数据的格式进行统一，并对接入数据进行解析。

（4）设备接入配置。进行配置的目的是把接入平台的数据与具体的实体对象进行"握手"，以便在应用中能够区分不同实体对象的数据。接入配置依赖产品物模型与产品组网拓扑，需要注意的是，在应用层中，根据不同业务属性，可能会把实体对象做某些关系映射。

（5）消息通信。完成设备接入配置后，用户便能实现与设备的交互，包括数据上报、命令下发等。

2. 设备管理

设备管理组件提供一系列服务，包括设备的生存周期管理、设备分组、设备影子、物模型、数据解析、数据存储、在线调试、固件升级、远程配置以及实时监控等。这些功能通常以树形结构的方式管理设备，从产品开始，然后是设备组，再到具体设备。

其中，设备影子是物理终端在物联网平台内部的一个虚拟化映射。当每个终端在平台注册时，平台会为其创建一个设备影子，这个设备影子代表终端当前的最新状态。当终端被注销时，对应的设备影子也会同步删除。设备影子主要用于存储设备的在线状态、设备最近一次上报的设备属性值、应用服务器期望下发的配置等。设备可以获取和设置设备影子，从而同步设备属性值。

物模型是指物联网中物理实体的数字化表示，是物联网平台中的关键概念之一。物模型可以理解为物理设备的数字化镜像，它定义了设备的属性、功能和行为，使设备可以与物联网平台进行交互和通信。物模型的重要性主要体现在设备互操作性、应用开发和集成以及数据解析和处理等方面。通过物模型，不同厂商的设备可以实现互操作性，开发者可以基于物模型进行应用程序的开发，物联网平台能够对设备上传的数据进行解析和处理。

3. 规则引擎

规则引擎通过创建、配置规则，以实现数据流转和场景联动，其主要作用是把物联网平台数据通过过滤转发到其他云计算产品上。物联网云平台通常是基于现有云计算平台搭建的，云平台的最小授权粒度一般达到设备级。

规则引擎需要的元素如下。

（1）触发条件。

1）触发对象：可以是某个设备，某个测点，也可以是某个时刻，或某个事件。

2）触发条件：可以是简单的上下限判断，也可以是一个复杂的函数或算法判断。

3）触发时间：即时效性，可以是一直有效，或者规定时间内有效。

4）沉淀机制：避免设备上传相同数据导致重复触发规则。

（2）执行动作。

1）指令下发：对指定设备发送指令。

2）发送通知：如短信、邮件、小程序、App 推送等。

3）产生报警：在运维报警监控界面产生一条报警记录。

4）执行时间：立即或延时。

5）执行规则：执行某条规则。

6）规则状态开关：开启或关闭某条规则。

4. 安全认证及权限管理

物联网云平台为每个设备颁发唯一的证书，证书通过后才能允许设备接入云平台。证书一般分为两种：一种是产品级证书，另一种是设备级证书。产品级证书拥有最大的权限，可以对产品下所有的设备进行操作。设备级证书，只能对自己所属的设备进行操作，无法对其他设备进行操作，因此每个接入云平台的设备都会在本地存储一个证书(其实存在形式是一个 KEY，由多个字符串构成)。每次与云端建立连接时，都要把证书带上，以便云端安全组件核查通过。

除了以上 4 个组件外，有的物联网云平台还提供数据展示和数据分析组件。

5. 数据展示

该组件用于对物联网收集的数据进行可视化图表展示，以便于用户直观观看数据。此功能与企业业务方向紧密相关，主要有以下 4 种。

(1)基础监测数据：对结构化数据进行基础图形表格数据展示。

(2)系统集成数据：对视频监控、车流量等系统集成类进行数据展示。

(3)数据可视化：主流的安全监测领域可视化系统，如视频融合、人员定位、可视化大屏等。

(4)数据管理：提供对原始数据的数据维护、数据下载、文件管理等服务。

6. 数据分析

该组件用于对展示的物联网数据加以分析，把物联网海量数据变成有价值的数据。此功能与企业业务方向紧密相关，主要有以下 3 种。

(1)基础数据分析：包括同步分析、关联分析、频谱分析、风玫瑰图分析等。

(2)高级数据分析：针对特定传感器的高级算法分析，包括索力算法分析、动态称重分析、深度测斜分析、柱体分析、索承结构分析等。

(3)报告报表分析：专业结构人员使用分析工具，制作专业分析报告。

以智能家居系统为例，基于云平台的智能家居系统架构如图 9.2 所示。云平台一般由第三方服务机构提供，如中国移动的 OneNET 云平台、华为物联网(Internet of Things,IoT)云平台、阿里的 Aliware 云平台、树根云。

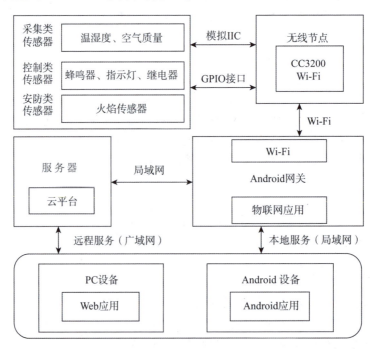

图 9.2 基于云平台的智能家居系统架构

9.2　云平台关键技术

9.2.1　设备接入方式

设备接入方式可分为直接接入、网关辅助接入和服务器辅助接入，如图 9.3 所示。

（1）直接接入。设备直接连接到物联网云平台，且不能挂载子设备，也不能作为子设备添加到网关下。一般通过 GPRS、Wi-Fi、2G、3G、4G、5G 等模组直接接入，或通过 MQTT、HTTP、SDK 等标准或者异构协议直接接入。

（2）网关辅助接入。设备不能直接接入物联网平台，而是通过网关设备接入。一般通过蓝牙、ZigBee、Lora 等无线通信技术先接入本地网关，再通过网关接入云平台。

（3）服务器辅助接入。设备先接入本地服务器，本地服务器再通过以太网接入物联网云平台。

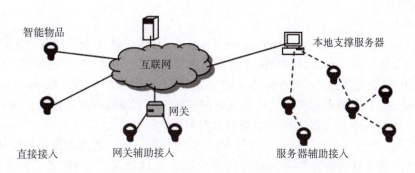

图 9.3　设备接入方式

9.2.2　设备接入协议

物联网云平台要支持多网络、多协议设备的接入，关键是解决物联网协议的碎片化问题。常见的接入协议包括 MQTT、CoAP、LwM2M、HTTP/HTTPS、TCP 等。

1. MQTT 协议

消息队列遥测传输（Message Queuing Telemetry Transport，MQTT）是 IBM 公司制订的物联网通信协议，现在已是物联网领域应用最为广泛的协议。MQTT 协议的优势在于它的简单性，它的关键特性就是发布者和订阅者模型。与所有消息协议一样，MQTT 协议将数据的发布者与使用者分离，在主题类型或消息有效负载上没有任何限制。

实现 MQTT 协议需要客户端和服务器端通信完成，在通信过程中，MQTT 协议中有 3 种身份：发布者（Publish）、代理（Broker）、订阅者（Subscribe）。其中，消息的发布者和订阅者都是客户端，消息的代理是服务器，消息发布者可以同时是订阅者。

MQTT 协议传输的消息分为主题（Topic）和负载（Payload）两部分。

（1）主题可以理解为消息的类型，订阅者订阅后，就会收到该主题的消息内容。

（2）负载可以理解为消息的内容，是指订阅者具体要使用的内容。

MQTT 协议中定义了一些方法（也被称为动作），用于表示对确定资源所进行的操作。这个资源可以代表预先存在的数据或动态生成数据，这取决于服务器的实现。通常来说，资源指服务器上的文件，其输出的主要方法有以下几种。

（1）连接方法（Connect）：用于建立与 MQTT 代理服务器的连接。在连接时，需要提供客户端标识、消息代理服务器的地址和端口号等信息。

（2）发布方法（Publish）：用于将消息发布到指定的主题。发布方法包括传输消息内容和指定消息的主题名称。

（3）订阅方法（Subscribe）：用于订阅指定主题的消息。订阅方法包括指定要订阅的主题名称和消息质量（Quality of Service，QoS）级别。

（4）取消订阅方法（Unsubscribe）：用于取消对特定主题的订阅。取消订阅方法包括指定要取消订阅的主题名称等。

（5）断开连接方法（Disconnect）：用于断开与 MQTT 代理服务器的连接。断开连接方法会关闭与服务器的连接并释放相关资源。

使用 MQTT 协议需要设备上报数据到平台，需要实时接收控制指令、有充足的电量支持设备保持在线，需要保持长时间连接状态，多用于共享经济、物流运输、智能硬件、M2M 等多种场景。

2. CoAP

受限应用协议（Constrained Application Protocol，CoAP）使用在资源受限的物联网设备上。物联网设备的随机存储器和只读存储器通常都非常小，运行 TCP 和 HTTP 是不可以接受的。CoAP 网络传输层由 TCP 改为 UDP。它基于架构风格实现（Representational State Transfer，REST），服务器的资源地址和互联网一样，也有类似网址的格式，客户端同样有 Post、Get、Put、Delete 方法来访问服务器，对 HTTP 做了简化。

CoAP 是二进制格式的，最小长度仅 4B，支持可靠传输、数据重传、块传输，确保数据可靠到达。它支持多播，即可以同时向多个设备发送请求。CoAP 属于非长连接通信，适用于低功耗物联网场景。

3. LwM2M

轻量 M2M（Light weight M2M，LwM2M）使用窄带网络，对于深度和广度覆盖要求高，对成本和功耗十分敏感，对数据传输的实时性要求不高，存在海量连接，需要传输加密，周期性上报特点明显，多用于水、电、气、暖等智能表具，智能井盖等市政场景。

4. HTTP/HTTPS

超文本传送协议（Hypertext Transfer Protocol，HTTP）和超文本传输安全协议（Hypertext Transfer Protocol Secure，HTTPS）只上报传感器数据到平台，无须下行控制指令到设备，适用于只有简单数据上报场景，其中 HTTPS 需要加密连接。

5. TCP

基于传输控制协议（Transmission Control Protocol，TCP）透传，可保持长连接，双向通信。用户可以自定义通信数据格式，适用于用户自定义数据协议，多用于简单控制类场景，如共享单车、共享按摩椅等。

9.3 常用物联网云平台

9.3.1 阿里云物联网云平台

阿里云物联网平台向下连接海量设备，支撑设备数据采集上云，向上提供云端 API，指令数据通过 API 调用下发至设备端，实现远程控制。

阿里云物联网云平台提供 MQTT、CoAP、HTTP 等多种协议 SDK（Software Development Kit，软件开发工具包和库）设备接入，可快速对接 2G、3G、4G、NB-IoT、LoRa、Wi-Fi 等不同网络设备。

设备通过 MQTT、CoAP 等协议对接阿里 IoT，阿里 IoT 后台管理也可以通过数据分析，运维监控看到主要数据和通用的相关汇总。如果用户想把数据保存到自己的服务器，或需要更精细地使用，就需要使用数据流转功能。阿里云平台数据接入如图 9.4 所示。

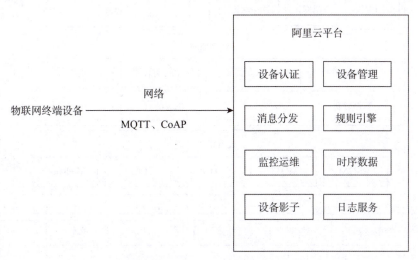

图 9.4　阿里云平台数据接入

9.3.2　OneNET 物联网云平台

OneNET 定位为平台即服务（Platform as a Service，PaaS），即在物联网应用和真实设备之间搭建高效、稳定、安全的应用平台。OneNET 面向设备，适配多种网络环境和常见传输协议，提供各类硬件终端的快速接入方案和设备管理服务。它还面向应用层，提供丰富的 API 和数据分发服务，以满足各类行业应用系统的开发需求，使物联网企业可以更加专注于自身应用的开发，而不用将工作重心放在设备接入层的环境搭建上，从而缩短物联网系统的形成周期，降低企业研发、运营和运维成本。

OneNET 支持多种行业及主流标准协议的设备接入，如 CoAP、LwM2M、MQTT、Modbus（Modicon bus）、HTTP 等，满足多种应用场景的使用需求。提供多种语言开发 SDK，帮助开发者快速实现设备接入。支持用户协议自定义，通过上传解析脚本来完成协议的解析。

OneNET 平台的架构如图 9.5 所示。

在不同场景中，可以使用不同的协议。

（1）在考虑低功耗以及广覆盖的场景，建议使用 CoAP 接入。

（2）在工业 Modbus 通信场景，建议使用 DTU+Modbus 接入。

（3）在需要与设备实时通信的场景，建议采用 MQTT 接入。

（4）在设备单纯上报数据的场景，可以使用 HTTP/HTTPS 接入。

（5）在用户需要自定义协议接入的场景，建议采用 TCP+脚本的方式接入。

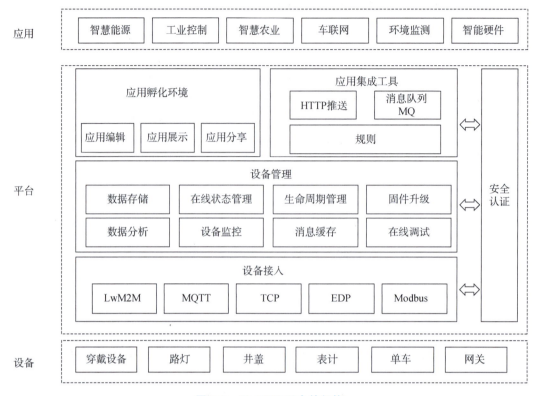

图 9.5　OneNET 平台的架构

OneNET 资源模型如图 9.6 所示，具体包括以下内容。

1. 产品（Product）

用户的最大资源集为产品，产品下的资源包括设备、设备数据、设备权限、数据触发服务以及基于设备数据的应用等多种资源，用户可以创建多个产品。

2. 设备（Device）

设备为真实终端在平台的映射，真实终端连接平台时，需要与平台设备建立一一对应的关系。

3. 数据流（DataStream）

数据流用于存储设备的某一类属性数据，如温度、湿度、坐标等信息。终端上传的数据被存储在数据流中，设备可以拥有一个或者多个数据流。平台要求设备上传并存储数据时，必须以 Key-Value 的格式上传数据，其中 Key 为数据流名称，Value 为实际存储的数据点，Value 格式可以为 INT、FLOAT、STRING、JSON 等多种自定义格式。

4. API 密钥（API Key）

API Key 为用户进行 API 调用时的密钥，用户访问产品资源时，必须使用该产品目录下对应的 API Key。

5. 触发器（Trigger）

触发器为产品目录下的消息服务，可以进行基于数据流的简单逻辑判断并触发 HTTP 请求或者邮件。

6. 应用(Application)

应用编辑服务，支持用户拖曳控件并关联设备数据流以生成简易网页展示应用。

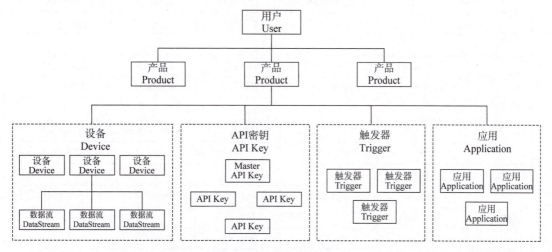

图 9.6　OneNET 资源模型

9.3.3　华为云物联网平台

华为云物联网平台(又称 IoT 设备接入云服务)提供海量设备的接入和管理能力，可以将 IoT 设备连接到华为云，支撑设备数据采集上云和云端下发命令给设备进行远程控制，配合华为云其他产品，帮助用户快速构筑物联网解决方案。

一个完整的物联网解决方案主要包括物联网平台、业务应用和设备 3 个部分。

物联网平台作为连接业务应用和设备的中间层，屏蔽了各种复杂的设备接口，实现设备的快速接入，同时提供强大的开放能力，支撑行业用户快速构建各种物联网业务应用。

设备可以通过固网、2G、3G、4G、5G、NB-IoT、Wi-Fi 等多种网络接入物联网平台，并使用 LwM2M、CoAP 或 MQTT 将业务数据上报到平台，平台也可以将控制命令下发给设备。

业务应用通过调用物联网平台提供的 API 实现设备数据采集、命令下发、设备管理。

9.3.4　根云平台

根云平台是树根互联技术有限公司旗下运营平台，帮助用户打造从设备接入、物联呈现到细分行业应用的端到端高价值解决方案。根云平台 4.0 是着力于强化工业互联网平台纵深，帮助用户打造从设备接入、物联呈现到细分行业应用的端到端高价值解决方案的运营平台，以低门槛、低成本、低风险来帮助企业进行数字化转型。

根云平台一方面将应用以可视化的方式提供给用户，另一方面为应用的开发者提供了API、调试工具和开发文件，从而降低开发门槛，也为应用的运营商提供了运营平台。

根云平台包括基于数字孪生工坊和设备医生等具体行业类微应用，为用户提供端到端的深度业务服务。例如，通过数字孪生工坊的能力支撑，通过仪表、设备和网关、工厂系统和手工录入等的数据融合，形成了基于设备、生产线到车间等各级节点的根云物模型，可以在工业制造中大幅提升设备操作性能和效率、资产性能和可利用率，引入新客户服务和新商业模式。根云平台总体结构如图9.7所示。

赋能行业	行业赋能	工程机械	农业机械	节能环保	特种车辆
		保险、租赁	纺织缝纫	新能源	食品加工
应用创新	模式创新	基于驾驶行为的保险	顾客对企业	设备共享	机器金融
	应用价值	智能研发	资产管理	智能服务	智能制造
数字镜像	根-云像	机器资产镜像	机器运营镜像	机器机理镜像	机器工况镜像
	根-云擎+云坊	云计算设施	工业大数据工作台		大数据设施
便捷接入	根-云联	设备管理	设备模型	物联协议	设备控制
	根-云通	本地网络运营商服务		全球网络运营商服务	
	根-云盒	通信模组	现场网关	边缘模组	—

图 9.7　根云平台总体结构

9.4　物联网应用架构

9.4.1　技术层次视角的应用架构

从技术层次视角看，物联网应用层的常见架构有 C/S（Client/Server）架构和 B/S（Browser/Server）架构。

C/S 架构称为客户端/服务器架构，如图9.8所示。这个架构的每台客户端都需要安装相对应的客户端程序。服务器有两个：一个是数据库服务器，通过数据库连接客户端访问服务器端数据；另一个是套接字服务器，服务器通过套接字程序与客户端通信。C/S 架构的重要特征是交互性强、拥有安全的存取形式、网络通信数量低、响应速度快、便于处理大量数据。这种架构分布功能弱并且兼容性差，不能迅速完成部署安装与配置，适用范围小，通常用于局域网。

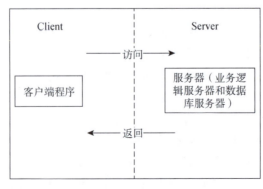

图 9.8　C/S 架构

B/S 架构称为浏览器/服务器架构，如图 9.9 所示。此架构只需要安装一台服务器，通过浏览器访问服务器。B/S 架构的重要特征就是分布性强、维护方便、开发简单且能够共享、总体拥有费用低。但是，这种架构存在数据安全性问题，对服务器需要过高，数据传输速度慢。

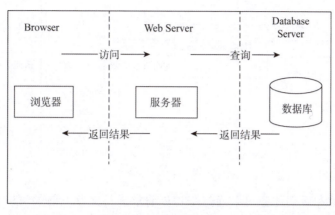

图 9.9　B/S 架构

近年来使用比较广泛的是微服务架构。微服务架构是一种软件开发架构，它将应用程序分解为一组小型、松散耦合的服务，每个服务都围绕特定的业务功能构建，并且可以独立部署和扩展。这些服务通常通过定义良好的 API 进行通信，这使它们可以被不同的语言和技术堆栈实现。微服务架构的目标是提高系统的可维护性、可扩展性和敏捷性，同时允许开发团队快速迭代和部署应用程序的不同部分。一个微服务架构中包括以下 4 个部分。

（1）客户端应用和服务消费者。用户通过客户端应用与系统交互，客户端可以是移动应用、Web 应用或其他类型的消费者。

（2）API 网关。作为系统的唯一入口点，API 网关负责请求路由、负载均衡、身份验证和协议转换等功能。

（3）服务注册中心。服务提供者在启动时会将自己的位置信息注册到服务注册中心，服务消费者通过服务注册中心发现所需的服务。

（4）服务提供者（微服务）。这些是构成应用程序的小型、自包含的功能组件，每个服务负责处理特定的业务逻辑，并提供 API 供其他服务或客户端调用。

9.4.2　业务层次视角的应用架构

按照业务层次，应用分层有两种方式：水平分层和垂直分层。

1. 水平分层

水平分层又称横向分层，这种架构按照功能处理顺序划分应用，如把系统分为前端、中间件与后端任务，其架构如图 9.10 所示，这是面向业务深度的划分。

（1）前端（Web 前端）：通常指的是用户可见的界面，它可能是网站或应用的一部分。它可能包括 HTML、CSS、JavaScript 等技术。前端代码运行在客户端的浏览器或小程序中。

（2）中间件：通常指的是中间件服务，它处于客户端和服务器之间，并可能处理一些业务逻辑。例如，在 Node.js 中，Express、Koa 等库可以用作中间件。

（3）后端任务：通常指的是在后端服务器上长时间运行的任务，这些任务可能不直接影响前端的用户体验，但对系统的运行至关重要。

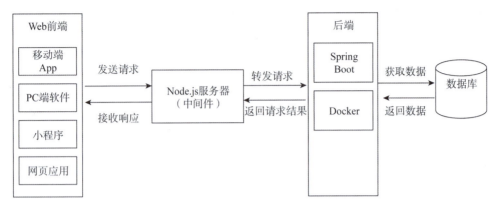

图 9.10　水平分层架构

前端、中间件和后端任务可以通过 HTTP 请求进行交互。前端可以向中间件发送请求，中间件处理这些请求，并在必要时与后端任务进行交互。后端任务可以通过消息队列等方式与中间件通信，而不是直接与前端通信。

水平分层架构的优势如下。

（1）结构清晰：通过将系统划分为不同的技术层次，使得每个层次的职责明确，便于开发和管理。

（2）易于扩展和维护：各层次之间通过定义良好的接口进行通信，便于独立扩展和维护各个层次。

（3）技术复用：不同的业务模块可以共享相同的技术层次，提高了代码的复用性。

2. 垂直分层

垂直分层又称纵向分层，是指按照不同的业务类型划分应用，如进销存系统可以划分为 3 个独立的应用，这是面向业务广度的划分。

垂直分层架构的优势如下。

（1）高内聚、低耦合：每个服务或子系统专注于处理特定的业务领域或功能模块，提高了系统的内聚性，降低了服务之间的耦合度。

（2）易于部署和扩展：每个服务或子系统可以独立部署和扩展，提高了系统的灵活性和可伸缩性。

（3）技术选型灵活：不同的服务或子系统可以采用不同的技术栈，便于根据业务需求选择最合适的技术方案。

（4）容错性高：某个服务的故障不会影响其他服务，提高了系统的容错性。

9.4.3　物联网功能架构

功能架构一般采用层次方框图，此图表示系统自顶向下分解所得的模块层次结构，以及各类模块之间的关系。层次方框图中的矩形框表示一个模块，矩形框之间的直线表示模块之间的调用关系。智能家居系统的层次方框图如图 9.11 所示。

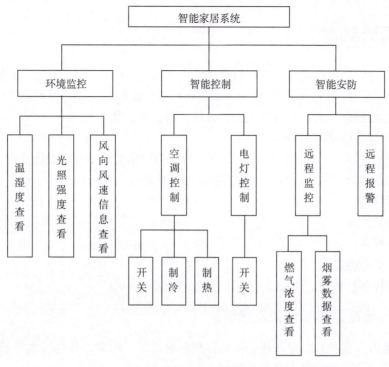

图 9.11 智能家居系统的层次方框图

在进行详细设计时，开发者应为每一个模块写一份说明。IPO 图就是用来说明每个模块的输入、输出数据和数据加工的重要工具。IPO 是指输入（Input）、加工（Processing）、输出（Output），它的基本形式是在左边的框中列出有关的输入数据，在中间的框中列出主要的处理，在右边的框中列出产生的输出数据。在具体应用中也可以对图进行不同的设计和表示，无论怎样设计它都必须包括输入、处理、输出 3 个部分。例如，智能家居系统层次方框图的温湿度查看模块就采用了变种的 IPO 图的形式，在基本的 IPO 图中增加了模块的基本描述信息，如图 9.12 所示。

系统名称：智能家居系统	
设计人：×××	设计日期：
模块编号：M1	模块名：温湿度查看
模块描述：查看温湿度	
输入数据：温度Temp，湿度Hum 处理：if 读取上传数据正确 then 数据格式转换 　　　else：读取数据失败 输出数据：显示温湿度	

图 9.12 温湿度查看模块的 IPO 图

9.5 设备选型

设备选型通常是指购置设备时，根据生产工艺要求和市场供应情况，按照"技术上先进、经济上合理、生产上适用"的原则，以及可行性、维修性、操作性和能源供应等要求，对市场中各类设备进行调查和分析比较，以确定设备的优化方案。

设备选型通常遵循以下原则。

（1）厂商的选择。尽可能选取同一厂家，根据用户承受能力确定设备品牌。

（2）扩展性考虑。主干设备应预留扩展能力，低端设备则够用即可。

（3）可靠性高。

（4）可管理性高。

（5）安全性高。

（6）QoS 控制能力强。

（7）标准性和开放性。支持业界通用的开放标准和协议。

9.5.1 物联网感知设备及选型

传感器是许多装备和信息系统必备的信息获取单元，用来采集物理世界的信息。传感器用来实现最初信息的检测、交替和捕获。

1. 传感器分类

传感器分类有以下 7 种方式。

（1）按所属学科，可以分为物理型、化学型、生物型传感器。

（2）按传感器转换过程中的物理机理，可以分为结构型传感器和物性型传感器。

（3）按能量关系，可以分为能量转换型和能量控制型传感器。

（4）根据作用原理，可以分为应变式、电容式、压电式、热电式、电感式、电容式、光电式、霍尔式、微波式、激光式、超声式、光纤式、生物式、核辐射式传感器等。

（5）根据功能用途，可以分为温度、湿度、压力、流量、垂量、位移、速度、加速度、力、热、磁、光、气、电压、电流、功率传感器等。

（6）按输出量形式，可以分为模拟式传感器、数字式传感器、赝数字传感器、开关传感器等。

（7）按输出参数，可以分为电阻型、电容型、电感型、互感型、电压（电势）型、电流型、电荷型、脉冲（数字）型传感器等。

2. 物联网感知设备选型

在进行物联网感知设备选型时，需要考虑以下 6 个方面的问题。

（1）根据测量对象与测量环境确定传感器的类型。

（2）灵敏度的选择。在传感器的线性范围内，希望传感器的灵敏度越高越好。但灵敏度高，与被测量无关的外界噪声也会被放大系统放大，影响测量精度。因此，要求传感器本身应具有较高的信噪比，尽量减少从外界引入的干扰信号。

（3）频率响应特性。决定了被测量的频率范围，必须在允许频率范围内保持不失真。

（4）线性范围。指输出与输入成正比的范围。

（5）稳定性。要使传感器具有良好的稳定性，必须有较强的环境适应能力。在超过使用期后，在使用前应重新进行标定。

（6）精度。定性分析则选用重复精度高的传感器，定量分析则选用精度等级能满足要求的传感器。

9.5.2　电子标签的选择

尽管识别技术有多种选择，但是兼顾成本和技术成熟度，以及台站和自身设备的实际特点，以二维条码和 RFID 为首选。目前，市场中常用 RFID 技术。

1. RFID 技术的优势

相比传统条形码技术，RFID 技术具有如下优势。

（1）RFID 具有足够的信息存储能力。

（2）安全性和防伪性高。RFID 承载的是电子式信息，其数据内容可经由加密算法保护，使其内容不易被伪造及变造。

（3）可重复使用。RFID 标签可以重复地新增、修改、删除 RFID 卷标内储存的数据，方便信息的更新。可承载台站的频率使用期限、执照使用期限、年审信息等动态变化的信息。

（4）抗污染能力和耐久性好，抗干扰能力强。对无线电设备管理时，环境比较复杂，有的在机房内部、有的设备可能在室外，RFID 标签防水、防磁、耐高温，可以在恶劣的作业环境下工作，使用寿命较长。

2. RFID 标签分类

目前，RFID 使用的频率跨越低频（Low Frequency，LF）、高频（High Frequency，HF）、超高频（Super High Frequency，SHF）、微波等多个频段。RFID 频率的选择影响信号传输的距离、速度等，同时受到各国法律法规的限制。

（1）超高频标签。

1）优点：读写距离较远，可以发射 2～3m。

2）缺点：内存容量小，很难存储太多数据。

普通的超高频标签的工作频率为 920～925MHz，使用协议为 18000-6C，存储容量为 512bit，仅能存储简单的数据。

（2）高频标签。

1）优点：内存容量大，可以达到 8kbit。

2）缺点：读写距离较近，仅能发射 0.1～0.3m。

高频标签的工作频率为 13.56MHz，使用协议为 ISO14443A、ISO15693，存储容量可达到 8kbit；样式较多，可以封装成多种形状。

（3）低频标签。

1）优点：省电、廉价；频率不受无线电频率管制约束；可以穿透水、有机组织、木材等。

2）缺点：低频标签的阅读距离只能在 5 cm 以内；低频作用范围现在主要是运用于低端技术领域范围内，如自动停车场收费和车辆管理系统等；传送数据速度较慢；标签存储数据量较少；低频电子标签灵活性差，不易被识别；数据传输速率低，在短时间内只可以一对一地读取电子标签。

3. RFID 标签选择

在选择合适的 RFID 产品时，应考虑以下因素。

（1）供电方式。按供电方式，标签可分为有源标签和无源标签。有源标签的传输距离更远，但需要电池供电，不是任何场合都适用。无源标签无须电池供电，适用场合更广泛，但传输距离有限。

（2）工作模式。按工作模式，标签可分为主动式和被动式。主动式标签利用自身的射频能量主动发射数据给读写器，一般是有电源的。被动式标签在读写器发出查询信号触发后才进入通信状态，使用调制散射方式发射数据，必须利用读写器的载波来调制信号。

（3）读写方式。按读写方式，标签可分为只读型标签和读写型标签。只读型标签在识别过程中，内容只能读出不可写入。只读型标签所具有的存储器是只读型存储器。只读型标签又可以分为只读标签、一次性编码只读标签和可重复编程只读标签 3 种。读写型标签在识别过程中，标签的内容既可以被读写器读出，又可以由读写器写入。在读写型标签的应用过程中，数据是双向传输的。

（4）工作频率。根据需求，可以选择低频、高频、超高频标签。

9.5.3　物联网通信设备选型

物联网工程项目中常见的网络层通信协议如图 9.13 所示。

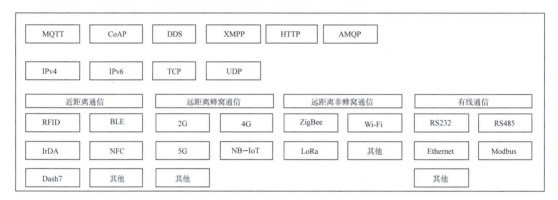

图 9.13　物联网工程项目中常见的网络层通信协议

针对以上常用网络协议，在进行物联网应用开始时，可根据具体应用领域进行选择，下面介绍一些常用的协议。

（1）NB-IoT 低功耗，传输小数据，传输速度低，芯片模组和套餐便宜，普遍应用于智能抄表、智能管道、智能停车、智能门锁等领域。

（2）5G 传输速度快，传输数据量大，虽然使用 5G 有功耗高、价格高的缺点，但此协议能够支持更多设备连接和实时互动，广泛应用于如无人驾驶、远程医疗、运输监控、人工智能等海量应用中。

（3）Wi-Fi 功耗高，传输速度快，距离短，一个路由只能加入较少设备。现在 Wi-Fi 普遍应用在智能家居、智能医疗等领域。

（4）ZigBee 功耗低，传输速度慢，可以中继，传输范围从几百到几千米。一个 ZigBee 网关可以加入成千上万的 ZigBee 设备。在布网不方便的区域，可考虑采用 ZigBee，如环境监测、森林防火等。

（5）NFC（Near Field Communication，近场通信）是一种短距离高频无线电技术，由 RFID 射频识别技术演变而来，其工作原理是将具备无线通信功能的智能移动终端和各种应用相结合。NFC 目前主要应用于移动支付、身份识别、数据传输等功能。

（6）RFID 是一种非接触式的自动识别技术，通过射频信号自动识别目标对象并获取相关数据。常用于物品的识别和管理，如供应链管理、物流和库存控制等领域。

（7）蓝牙（Bluetooth）是由东芝、IBM、Intel、爱立信和诺基亚等公司于 1998 年 5 月共同提出的一种近距离无线数字通信的技术标准。它的特点是能穿透墙壁等障碍，最大传输距离为 10m，采用 2.4GHz 频段，可同时传输语音和数据，常应用于耳机、智能穿戴、共享单车解锁等领域。

（8）消息队列遥测传输（Message Queuing Telemetry Transport，MQTT）是一种轻量级的发布/订阅系统，特别适用于低带宽和不可靠的网络。其优点包括低带宽消耗和高效消息分发，常用于远程监控和家庭自动化等场景。

（9）受限应用协议（Constrained Application Protocol，CoAP）是一个专为小型设备设计的简化 HTTP 版本，具有简单、低功耗的特点，适用于智能家居和低功耗设备。

（10）基于 LoRa 的广域网通信协议（LoRa Wide Area Network，LoRaWAN）是一种用于远程、低功耗通信的协议，具有长距离覆盖和低功耗的优点，适用于智慧城市和农业监测等场景。

物联网工程项目系统架构与设备选型报告如下。

×××物联网工程项目系统架构与设备选型报告

第 1 章 引言
  1.1 文档目的和背景
  1.2 物联网技术概述
第 2 章 物联网系统架构概述
  2.1 物联网系统的核心要素
    2.1.1 设备与传感器
    2.1.2 网络连接
    2.1.3 数据传输和通信协议
    2.1.4 数据存储和处理
  2.2 物联网系统的技术趋势
  2.3 物联网系统的安全性考量
第 3 章 设备选型指南
  3.1 设备选型的原则与考虑因素
  3.2 关键设备类型及其功能
    3.2.1 传感器设备
    3.2.2 网络通信设备
    3.2.3 数据处理与存储设备
  3.3 设备性能参数对比与选择
    3.3.1 传感器精度与稳定性
    3.3.2 网络通信设备的传输速度与可靠性
    3.3.3 数据处理与存储设备的性能与扩展性
第 4 章 结论与展望
  4.1 物联网系统架构与设备选型总结
  4.2 物联网技术发展趋势与展望

思考题

1. 物联网云平台的优势是什么？

2. MQTT 协议的主要方法有哪些？如何利用 MQTT 协议连接 OneNET 云平台？

3. 现有智能农业监控系统，需求描述如下。

(1) 环境监测：实时监测农田的温度、湿度、光照、土壤肥力等环境参数。

(2) 作物监测：通过图像识别技术，监测作物的生长状态、病虫害情况。

(3) 远程控制：实现对农田灌溉、施肥等设备的远程控制，方便管理人员进行操作。

(4) 数据分析：对收集到的数据进行处理和分析，为农业生产提供决策支持。

请根据以上需求，进行合理的设备选型。

第 10 章

物联网工程项目网络设计

项目任务

- 能够进行感知层、接入层、汇聚层网络选型
- 能够进行逻辑网络设计
- 能够进行物理网络设计
- 能够撰写网络设计报告

10.1 逻辑网络设计

10.1.1 逻辑网络设计概述

逻辑网络结构大致描述了设备的互联及分布，但是不对具体的物理位置和运行环境进行确定。逻辑网络设计过程分为以下 4 个步骤。

(1)确定逻辑网络设计的目标。

(2)确定网络功能与服务。

(3)确定网络结构。

(4)进行技术决策。

1. 逻辑网络设计的目标

依据需求分析说明书中对逻辑网络设计的要求，对物联网工程项目的逻辑网络进行合理设计。逻辑网络设计的目标一般包括以下 8 个。

(1)合适的应用运行环境。逻辑网络设计必须为应用系统提供环境，保障用户能够顺利访问应用系统。

(2)成熟而稳定的技术选型。在逻辑网络设计阶段，应该选择较为成熟、稳定的技术，越是大型的项目，越要考虑技术的成熟度，避免错误投入。

(3)合理的网络结构。合理的逻辑网络结构不仅可以减少一次性投资，而且可以避免网络建设中出现各种复杂问题。逻辑网络设计不仅决定了一次性投资技术选型，也直接决定了运营维护等周期性投资。

(4)合适的运营成本。逻辑网络设计决定了一次性投资的技术选型和周期性投资网络结构，也直接决定了运营维护等。

(5)逻辑网络的可扩充性。逻辑网络设计必须具有较好的可扩充性，以便于满足用户增长、应用增长的需要，保证不会因为规模及需求的增长而导致网络重构。

(6)逻辑网络的易用性。逻辑网络对于用户是透明的，网络设计必须保证用户操作的单纯性，过多的技术性限制会导致用户对网络的满意度降低。

(7)逻辑网络的可管理性。对网络管理员来说，逻辑网络必须提供高效的管理手段和途径，否则不仅会影响管理工作本身，而且会直接影响用户的使用体验。

(8)逻辑网络的安全性。逻辑网络安全应提倡适度安全，对于大多数网络来说，既要保证用户的各种安全需求，也不能给用户带来太多限制。但是，对于特殊的网络，必须采用较为严密的网络安全措施。

2. 逻辑网络方案设计原则

在进行逻辑网络方案设计时，一般遵循以下 8 个原则。

(1)先进性原则。应采用具备先进的设计思想、网络结构、开发工具，采用市场占有率高、标准化和技术成熟的软硬件产品。

(2)高可靠性原则。网络系统是日常业务和各种应用系统的基础设施，应保证正常时期的不间断运行。整个网络应有足够的冗余功能，抗干扰能力强，对网络的设计、选型、安装和调试等环节进行统一规划和分析，确保整个网络具有一定的容错能力。还应充分考虑投资的合理性，网络系统应具有良好的性能价格比。

(3)标准化原则。所有网络设备都应符合有关国际标准，以保证不同厂家的网络设备之间的互操作性和网络系统的开放性。

(4)可扩展性原则。逻辑网络设计要考虑网络系统应用和今后网络的发展，便于日后技术的更新升级与衔接。端口数量要留有扩充余量，带宽要有升级能力。

(5)易管理性原则。网络设备应易于管理、易于维护、操作简单、易学易用，便于进行网络配置，发现故障应及时维护。

(6)安全性原则。网络设计应能提供多层次安全控制手段，对使用的信息进行严格的权限管理，在技术上提供先进、可靠、全面的安全方案和应急措施，同时符合国家关于网络安全标准的相关规定。

(7)实用性原则。系统建设首先要从系统的实用性出发，支持文本、语音、图形、图像及音频、视频等多种媒体信息的传输、查询服务，所以系统必须具有很强的实用性，满足不同用户信息服务的实际需要，具有很高的性价比，能为多种应用系统提供强有力的支持平台。

(8)开放性原则。系统设计应该采用开放技术、开放结构、开放系统组件和开放用户接口，以利于网络的维护、扩展升级和与外界信息的互通。

3. 逻辑网络设计的主要内容

逻辑网络设计的工作主要包括以下内容。

(1)感知技术选择。

(2)局域网技术选择。

(3)广域网技术选择。

（4）地址设计和命名模型。

（5）路由方案设计。

（6）网络管理策略设计。

（7）网络安全策略设计。

（8）测试方案设计。

（9）逻辑网络设计文件编制。

10.1.2　逻辑网络结构及其设计

随着网络的不断发展，单纯的网络拓扑结构已经无法全面描述网络。因此，在逻辑网络设计中，网络结构的概念正在取代网络拓扑结构的概念。网络结构是对网络进行逻辑抽象，描述网络中主要连接设备和网络计算机节点分布，从而形成网络主体框架。网络结构与网络拓扑结构的最大区别在于：在网络拓扑结构中只有点和线，不会出现任何设备和计算机节点；网络结构主要描述设备和计算机节点的连接关系。

由于当前的网络工程主要由局域网和实现局域网互联的广域网构成，因此可以将网络工程中的网络结构设计分成局域网结构和广域网结构两个部分来设计。

1. 层次化网络设计模型

随着用户不断增多，网络复杂度也不断增大，所以层次化网络设计模型已经成为网络工程的经典模型。层次化网络设计模型的优势如下。

（1）使用层次化模型可以使网络成本降到最低，通过在不同层次设计特定的网络互联设备，可以避免为各层中不必要的特性花费过多的资金。层次化模型可以在不同层次进行更精细的容量规划，从而减少带宽浪费。同时，层次化模型可以使得网络管理具有层次性，不同层次的网络管理人员的工作职责也不同，培训规模和管理成本也不同，从而减少控制管理成本。

（2）在设计层次化模型时，可以采用不同层次的模块，这使得每个设计元素简化并易于理解，并且网络层次间的交界点也很容易识别，故障隔离程度得到提高，保证了网络的稳定性。

（3）层次化设计使改变网络变得更加容易。当网络中的一个网元需要改变时，升级的成本限制在整个网络中很小的一个子集中，对网络的整体影响非常小。

2. 物联网工程 5 层网络模型

在第 1 章 1.2 节中介绍了物联网的通信层可以分为传感器网络、接入网和传输网，按照逻辑网络设计层次结构，以上 3 层网络可以细分为传感网层、接入层、汇聚层、骨干层（核心层）与数据中心。

传感网层中的感知节点实现对客观世界物品或环境信息的感知，在有些应用中还具有控制功能，各节点通过通信网络组成传感器网络；接入层为感知节点和局域网接入汇聚层/广域网或者终端用户访问网络提供支持；汇聚层将网络业务连接到骨干网，并且实施与安全、流量负载和路由相关的策略；骨干层提供不同区域或者下层的高速连接和最优传送路径；数据中心提供数据汇聚、存储、处理、分发等功能。

（1）传感网层设计。

传感网中的节点间进行通信时往往采用无线传感器网络。因此在该层主要根据具体物联网项目应用场景选择合适的无线传感网络实现，网络类型选择和参考第 9 章 9.5.3 节中的物联网通信设备选型。

（2）接入层设计。

接入层的主要作用是将感知层收集到的数据通过各种通信技术传输到网络中。这一层通常包括物联网网关、路由器等设备，它们能够将来自感知层的数据进行初步处理，如数据格式转换、协议适配等，并将数据发送到汇聚层。接入层还负责为感知层设备提供网络接入服务，确保数据能够顺利上传。

1）接入层的作用如下。

①用户接入。接入层通过以太网、Wi-Fi 等方式，将用户设备连接到网络，使用户可以访问网络资源。

②确保安全性。接入层应用安全策略，控制用户设备的访问权限，防止未经授权的设备接入网络，从而确保网络的安全性。

③确保速度和带宽。接入层需要提供足够的带宽和速度，以满足用户设备对网络资源的需求，确保用户能够快速访问网络和互联网。

④分配网络地址。接入层还负责为用户设备分配网络地址，并管理局域网中的地址分配和转发。

不同的感知系统，可以采用不同的接入方式。对于孤立的感知系统，可以选用 GPRS、3G、4G 等无线方式接入；对于集中式的感知系统，可以选用局域网、无线局域网（Wireless LAN，WLAN）、蓝牙等方式接入；对于用户系统，可以选用 WLAN、3G、4G、5G 等方式接入；对于数据中心，可以选用光纤直连等方式接入。

2）在进行接入层设计时，一般遵循以下设计要点。

①接入层拓扑结构设计：一般采用星形结构；不采用冗余链路；不进行路由信息交换；接入层设备应具有良好的扩展性；用户集中的环境，交换机应提供堆叠功能；网络如果形成环路，应选择支持 IEEE 802.1d 生成树协议的交换机。

②接入层功能设计：交换机端口密度应满足用户需求；确保交换机上行链路采用光口还是电口；交换机端口应为今后的扩展保留冗余端口；确定交换机是否支持链路聚合；一般采用固定式两层交换机。

③接入层性能设计：利用虚拟局域网（Virtual Local Area Network，VLAN）划分等技术隔离网络广播风暴；交换机上行端口的传输速率应当比下行端口高出一个数量级；交换机之间的距离小于 100m 时，可以采用双绞线相连；如果交换机之间相距较远，可以采用光电收发器进行信号转换和传输。

④接入层安全设计：可以将每个端口划分为一个独立的 VLAN 分组，这样就可以控制各个用户终端之间的互访，从而保证每个用户数据的安全；接入层交换机应能提供端口介质访问控制（Medium Access Control，MAC）地址绑定；端口静态 MAC 地址过滤；任意端口屏蔽等功能，以确保网络运行安全。

⑤接入层可靠性设计：接入层设备大多放置在楼道中，因此设备应该对恶劣环境有良好的抵抗力；建筑物的设备间空间有限，因此网络设备的尺寸也是一个不可忽略的问题；室外设备应设置在地理位置较稳定的区域，不易受以后基建工程建设的影响，同时尽量避开外部电磁干扰、高温、腐蚀和易燃易爆区。

⑥接入层网络管理设计：接入点一般距网络中心较远，而且节点分散，数量众多，接入设备良好的可管理性将大大降低网络运营成本，因此可以选用可网管的交换机；接入层网络管理，还必须解决不同厂商设备组网下的网络管理问题。

（3）汇聚层设计。

在设计时，应尽量将对资源访问的控制、对通过骨干层流量的控制等放在汇聚层实施。汇聚层应该向骨干层隐藏接入层的详细信息，各种协议的转换都应在汇聚层完成。

汇聚层主要用来减轻核心层设备的负荷，起着上传下达的作用，具有实施策略、安全、工作组接入、VLAN 之间的路由、源地址或目的地址过滤等多种功能。

汇聚层在实际的应用中很容易被忽略，尤其在短距离传输中，因核心层具有足够的接入，可与接入层直接进行连接。常见的二层网络构架便是这种连接模式，可在一定程度上节省布网以及后期的维护成本。单核心、双核心网络其实都属于二层网络架构，通常核心汇聚都是三层设备。在大型物联网工程项目中，特别是那些需要处理大量数据、支持多种设备和应用和需要确保数据传输的安全性和可靠性的项目中，汇聚层的作用尤为关键。例如，智能电网、智能交通、智能环保、智能医疗等大规模、复杂化的物联网应用都可能需要使用汇聚层。

（4）骨干层设计。

骨干层主要用于网络的高速交换主干，提供快速、可靠的骨干数据交换。它被视为所有流量的最终承受者和汇聚者，对网络的设计和设备的要求都非常严格。因此，骨干层应采用冗余组件设计，具备高可靠性，能快速适应变化。应尽量避免使用数据包过滤、策略路由，因为这样会降低数据包转发处理速度。骨干层应具有有限和一致的范围，包括一条或多条到外部网络的连接。

（5）数据中心设计。

数据中心具有足够的存储能力，包括容量、存取速度、容错性；应能满足整个生存周期的存储要求；应有足够的处理能力，包括计算速度、访问速度等；应有保证系统稳定、安全运行的辅助设施，如空调系统、消防系统、监控与报警系统等。

在进行物联网层次化设计时，应遵循以下原则。

（1）控制层次化的程度。

（2）在接入层保持对网络结构的严格控制。

（3）不能在设计中随意加入额外连接。

（4）应首先设计感知层和接入层，根据流量和行为的分析，对上层进行更精细的容量规划，再依次完成上层的设计。

（5）应尽量采用模块化方式。

10.1.3　局域网结构

常见的局域网结构有以下几种。

1. 单核心局域网

单核心局域网是指拥有一个核心交换机的网络，如图 10.1 所示。这种网络结构的特点如下。

（1）核心交换设备在实现上多采用二层、三层交换机或多层交换机。

（2）可以划分多个 VLAN，每个 VLAN 内只进行数据链路层帧的转发。

（3）网络结构简单。

（4）网络中除核心交换设备之外，不存在其他的三层路由功能设备。

（5）核心交换设备与各 VLAN 设备可以通过 10、100、1 000Mbps 以太网连接。

（6）节省设备投资。

（7）网络地理范围小。

（8）核心交换机是网络的故障易发点，容易导致整网失效。

（9）网络扩展能力有限。

（10）对核心交换设备的端口密度要求较高。

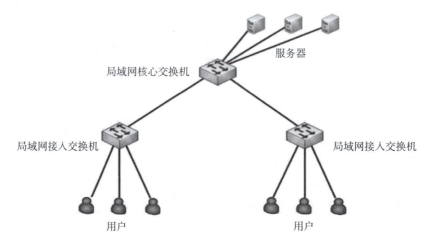

图 10.1　单核心局域网

2. 双核心局域网

双核心局域网主要由两台核心交换设备构建局域网核心，一般也是通过与核心交换机互连的路由设备接入广域网，并且路由器与两台核心交换设备之间都存在物理链路。双核心局域网如图 10.2 所示。

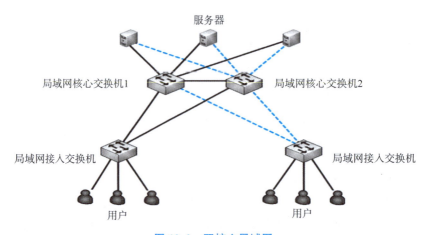

图 10.2　双核心局域网

这种网络结构具有以下特点。

(1)核心交换设备间运行负载均衡协议。

(2)路由层面可热切换。

(3)网络拓扑结构可靠。

(4)建设成本较单核心局域网高。

3. 环形局域网

环形局域网结构由多台核心交换设备连接成双动态弹性分组环,构建整个局域网的核心,该网络通过与环上交换设备互连的路由设备接入广域网。环形局域网如图 10.3 所示。

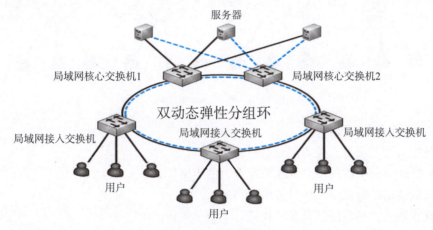

图 10.3　环形局域网

环形局域网结构的特点如下。

(1)核心交换设备在实现上多采用三层交换机或多层交换机。

(2)网络内各 VLAN 之间访问需要经过弹性分组环。

(3)弹性分组技术提供 MAC 层的 50ms 自愈时间,提供多等级、可靠的 QoS 服务。

(4)弹性分组有保护功能,节省光纤资源。

(5)弹性分组环中没有相交环、相切环等结构,当利用弹性分组环组建大型城域网时,多环之间只能利用业务接口进行互通,不能实现网络的直接互通,因此它的组网能力相对较弱。

(6)由两根反向光纤组成环形拓扑结构,其中一根沿顺时针方向,另一根沿逆时针方向,节点在环上可从两个方向到达另一节点。每根光纤可以同时用来传输数据和同向控制信号,弹性分组环双向可用。

(7)利用空间重用技术实现的空间重用,使环上的带宽得到更为有效的利用。弹性分组技术具有空间复用、环自愈保护、自动拓扑识别、多等级 QoS 服务、带宽公平机制和拥塞控制机制、物理层介质独立等特点。

(8)设备投资比单核心局域网高,核心路由冗余设计实施难度较高,容易形成路由环路。

4. 层次局域网

层次局域网结构定义了根据功能要求不同,将局域网络划分层次的方式,从功能上将局域网分为核心层、汇聚层、接入层。层次局域网一般通过与核心层设备互连的路由设备接入广域网。层次局域网结构如图 10.4 所示。

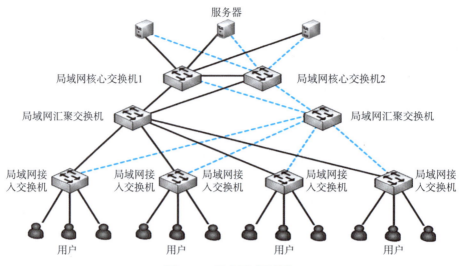

图 10.4　层次局域网结构

层次局域网的特点如下。

(1)核心层、汇聚层、接入层分层明确。

(2)拓扑结构利于扩展，分级故障定位，便于维护。

(3)功能清晰，有利于发挥设备最大功效。

(4)成本较高，对高层设备要求较高。

10.1.4　无线局域网结构

有一些用户无固定工作场所而且有线局域网络架设有时会受环境限制(如森林防火、气候监测等环境)，这时需要使用无线局域网。无线局域网一般分为无中心拓扑结构和有中心拓扑结构，无中心拓扑结构称为没有基础设施的无线局域网，有中心拓扑结构称为有基础设施的无线局域网。

1. 无中心拓扑结构

无中心拓扑结构的典型组网方式为点对点模式(Ad-Hoc)，也叫对等结构模式或自组织网络、移动自组网。这种网络无法接入有线网络中，只能独立使用，无须接入点(Access Point，AP)，安全功能由各个客户端自行维护，采用非集中式的 MAC 协议。

这种网络的优点在于其组网灵活、快捷，可以广泛运用于临时通信的环境，其缺点如下。

(1)当网络中用户数量过多时，信道竞争会严重影响网络性能。

(2)路由信息随着用户数量的增加快速上升，严重时会阻碍数据通信的进行。

(3)一个节点必须能同时"看"到网络中其他任意节点，否则认为网络中断。

(4)只能适用于少数用户的组网。

战场上部队快速展开和推进、地震或水灾后的营救等场合的通信不能依赖任何预设的网络设施，需要一种能够临时快速自动组网的移动网络。自组织网络可以满足这样的要求。传感器网络是自组织网络技术的另一大应用领域。对于很多应用场合来说，传感器网络只能使用无线通信技术，考虑到体积和节能等因素，传感器的发射功率不可能很大，使用自组织网络实现多跳通信是非常实用的解决方法。分散在各处的传感器组成自组织网络，可以实现传感器之间以及与控制中心之间的通信。个人局域网(Personal Area Network，

PAN)是自组织网络技术的另一应用领域，不仅可用于实现手机、手提电脑等个人电子通信设备之间的通信，还可用于个人局域网之间的多跳通信，蓝牙技术中的超网（Scatternet）就是一个典型的例子。

ZigBee 技术采用点对点模式建立并维护网络，使用分布式动态路由策略，自适应网络拓扑结构，其中每个网络设备称为一个节点，提供从网络层到应用层协议栈，为应用层提供一致的编程接口，并利用小型电池供电进行长时间运行，其组网方式如图 10.5 所示。

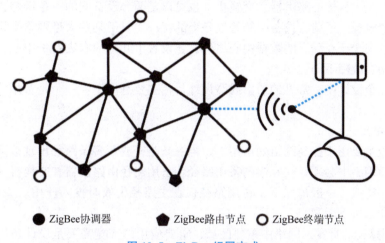

● ZigBee协调器　⬟ ZigBee路由节点　○ ZigBee终端节点

图 10.5　ZigBee 组网方式

2. 有中心拓扑结构

有中心拓扑结构是一种整合有线与无线局域网架构的网络结构，这种网络结构要求一个无线 AP 充当中心站，用于在无线工作站和有线网络之间接收、缓存和转发数据，其他站点对网络的访问由中心站来控制。各个站点只需要在中心站覆盖范围内（覆盖半径达上百米）就可与其他站点进行通信。这种结构的网络整体性能依赖中心节点。有中心拓扑结构如图 10.6 所示。

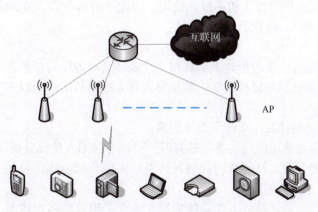

图 10.6　有中心拓扑结构

Wi-Fi 就是一种典型的有中心拓扑结构。AP 是 Wi-Fi 的核心组成部分，其覆盖范围内的所有站点之间的通信和接入互联网均由 AP 控制。AP 与有线以太网中的集线器类似，因此有中心拓扑结构也称为基础网络结构。

在基本结构中，不同站点之间不能直接进行通信，只能通过访问 AP 建立连接。这意味着当用户设备(如手机、电脑等)想要接入 Wi-Fi 网络时,它们需要通过 AP 进行连接。AP 会处理这些设备的连接请求,并为它们提供访问网络的权限。

10.1.5 网络冗余设计

网络冗余设计允许通过设置双重网络元素来满足网络的可用性需求。冗余降低了网络的单点失效率,其目标是重复设置网络组件,以避免因单个组件的失效而导致应用失效。这些组件可以是一台核心路由器、交换机,也可以是两台设备间的一条链路,还可以是广域网连接或者电源、风扇、设备引擎等设备上的模块。对于某些大型网络来说,为了确保网络中的信息安全,在独立的数据中心之外,还设置了冗余的容灾备份中心,以保证数据备份或者应用在故障下的切换。

在网络冗余设计中,常见的通信线路设计目标主要有两个:一个是备用路径;另一个是负载分担。

1. 备用路径

备用路径主要用于提高网络的可用性。当一条路径或者多条路径出现故障时,为了保障网络连通,网络中必须存在冗余的备用路径:备用路径由路由器、交换机等设备之间的独立备用链路构成。一般情况下,备用路径仅在主路径失效时投入使用。关于备用路径,设计时主要考虑以下因素。

(1)备用路径的带宽。网络中重要区域、重要应用的带宽需要是设计备用路径带宽的主要依据。设计人员要根据主路径失效后哪些网络流量是不能中断的来决定备用路径的最小带宽。

(2)切换时间。切换时间指从主路径发生故障到备用路径投入使用的时间,主要取决于用户对应用系统中断服务时间的容忍度。

(3)非对称。备用路径的带宽比主路径的带宽小是正常的设计方法。备用路径大多数情况下并不投入使用,过大的带宽容易造成浪费。

(4)自动切换。设计备用路径时,应尽量采用自动切换方式,避免手动切换。

(5)测试。由于备用路径长期不投入使用,因此不容易发现其在线路、设备上存在的问题,应定期进行测试,以便及时发现问题。

2. 负载分担

负载分担是指通过冗余的形式来提高网络性能,是对备用路径的扩充。负载分担是通过并行链路提供流量分担来提高性能,其主要实现方法是利用两个或多个网络接口和路径同时传递流量。

关于负载分担,设计时主要考虑以下因素。

(1)当网络中存在备用路径、备用链路时,可以考虑加入负载分担设计。

(2)对于主路径、备用路径相同的情况,可以实施负载分担的特例——负载均衡,即多条路径上的流量是均衡的。

(3)对于主路径、备用路径不相同的情况,可以采用策略路由机制,让一部分应用的流量分摊到备用路径上。

(4)在路由算法的设计上,大多数设备制造厂商提供的路由算法都能够在相同带宽的路径上实现负载均衡。例如,在内部网关路由协议(Interior Gateway Routing Protocol,IGRP)和增强型内部网关路由协议(Enhanced Interior Gateway Routing Protocol,EIGRP)中可以根据主路径和备用路径的带宽比例实现负载分担。

10.1.6　带宽与性能分析

1. 流量估算与带宽需求

（1）带宽与流量。带宽是一个固定值；流量是一个变化的量；带宽由网络工程师规划分配，有很强的规律性；流量由用户网络业务形成，规律性不强；带宽与设备、传输链路相关；流量与使用情况、传输协议、链路状态等因素相关。

（2）不同网络服务的数据流量性能取决于一些变量，如突发性、延迟、抖动、分组丢失等。不同的网络服务对这些指标要求不同，如感知信息具有平稳特性，电子邮件具有很强的突发性。

在网络设计中，应当根据用户数据流量特性进行网络流量设计和管理。

（3）估算通信量时的关键因素。估算网络中的通信量时，主要考虑以下两个方面：根据业务需求和业务规模估算通信量的大小；根据流量汇聚原理确定链路和节点的容量。

（4）估算通信量应遵循的原则。必须以满足当前业务需要为最低标准；必须考虑到未来若干年内的业务增长需求；能对选择何种网络技术提供指导；能对冲突域和广播域的划分提供指导；能对选择何种物理介质和网络设备提供指导。

2. 流量分析与性能设计模型

（1）分层网络的流量模型。

从接入层流向核心层时，收敛在高速链路上；从核心层流向接入层时，发散到低速链路上；核心层设备汇聚的网络流量最大，接入层设备的流量相对较小。

（2）汇聚层链路聚合。

链路聚合的目的是保证链路负载均衡；双链路可能会产生负载不均衡的现象；如果对汇聚层上行链路进行链路聚合配置，则可以使上行链路负载均衡。

（3）网络峰值流量设计原则。

以最繁忙时段和最大的数据流量为最低设计标准，否则会导致网络拥塞和数据丢失。

3. 流量分析与性能设计的一般步骤

（1）把网络分成易管理的若干部分。

（2）确定用户和网段的应用类型和通信量。

（3）确定本地网段和远程网段的分布。

（4）对每一网段，重复以上步骤。

（5）综合各网段信息进行通信流量分析。

（6）确定每一网段、每一关键设备的流量及带宽。

（7）根据生存周期内的预期增长率，计算出各处的带宽。

（8）根据计算出的带宽，确定各种所需设备、传输链路的性能及其推荐类型。

10.2　逻辑网络设计说明书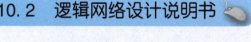

逻辑网络设计说明书是所有网络设计文件中技术要求较为详细的文件之一，该文件是需求、通信分析到实际的物理网络建设方案的一个过渡阶段文件，也是指导实际网络建设的一个关键性文件。在该文件中，网络设计人员针对通信规范说明书中所列出的设计目标，明确描述网络设计的特点，所制订的每项决策都必须有通信规范说明书、需求说明书、产品说明书及其他事实作为凭证。

编写逻辑网络设计说明书应使用易于理解的语言(包括技术性语言和非技术性语言),通过与用户就业务需求详细讨论网络设计方案,设计出符合用户需要的网络方案。在正式编写逻辑网络设计说明书之前,需要进行数据准备,如需求说明书、通信规范说明书、设备说明书、设备手册、设备售价、网络标准及其他设计人员在选择网络技术时所用到的信息等,这些可能都是逻辑网络设计阶段需要的原始数据。虽然逻辑网络设计说明书只包含其中的一小部分数据,但是也应当对这些数据进行有条理的整理,以便以后查阅。

逻辑网络设计说明书的主要内容包括引言、物联网工程项目概述、逻辑架构设计、IP(Internet Protocol)地址规划和设备标识、通信协议选择和配置、安全设计和防护措施、数据处理和分析设计、网络管理和监控方案、实施计划和时间表。

逻辑网络设计说明书内容如下。

×××物联网工程项目逻辑网络设计说明书

第1章 引言
　1.1 项目背景
　1.2 文件目的和范围
　1.3 术语和缩略词
第2章 物联网工程项目概述
　2.1 物联网工程项目需求分析
　2.2 物联网设备和传感器描述
　2.3 物联网应用场景和业务流程
第3章 逻辑架构设计
　3.1 逻辑拓扑结构
　3.2 逻辑组件描述
　3.3 数据流和通信协议
第4章 IP地址规划和设备标识
　4.1 IP地址方案
　4.2 设备标识和管理策略
　4.3 数据采集和传输规划
第5章 通信协议选择和配置
　5.1 MQTT、CoAP等物联网协议的选择和配置
　5.2 其他通信协议的适用性和配置
　5.3 网络通信优化策略
第6章 安全设计和防护措施
　6.1 安全策略概述
　6.2 加密和身份验证方案
　6.3 访问控制和授权管理
　6.4 数据备份和恢复策略
第7章 数据处理和分析设计
　7.1 数据中心和云平台选择
　7.2 数据存储方案和扩容策略
　7.3 数据处理和分析流程设计

10.3　物理网络设计

　　物理网络设计是对逻辑网络设计的物理实现，通过确定设备的具体物理分布、运行环境等，确保网络的物理连接符合逻辑连接的要求。在这一阶段，网络设计者需要确定具体的软硬件、连接设备、布线和服务的部署方案。物理网络设计在需求说明书和逻辑网络设计说明书中具体设计定义。物理网络设计是网络物理结构图和布线方案、设备和部件的选型的基础。

10.3.1　物理网络结构

　　物理网络设计首先需要给出网络的物理拓扑。在物理拓扑中，每一个节点、每一条链路都与实际位置有一定的比例关系，相当于是在实际的地图上进行标注。物理网络拓扑通常是对逻辑网络拓扑进行地图化，有时可以直接在相应比例尺的地图上进行标注。

　　在物理网络拓扑图上，对于每一条链路，通常都需要清楚给出其走向、长度、所用通信介质的类型。对于每个节点，需要给出设备的类型和能代表其最主要性能的一个型号。对于一个大型物联网，一张图难以表示出所有信息，需要分层次、分区域地分别给出其物理拓扑。例如，先给出全局拓扑，其中只包括主要区域、主要设备及其连接链路；然后分区域、分子系统，甚至分楼层、分房间，分别给出每一局部的物理拓扑，并细化到每一信息点和每一个插座。

　　通过设计物理拓扑，可以统计出实际需要的各类传输介质和各类设备的数量，为设备采购提供依据。

1. 骨干网络与汇聚网络通信介质设计

　　进行设计时，应确定骨干网络的类型、每一设备的位置、设备之间的连接方式与介质类别。一般原则和方法如下。

　　(1)选用合适的网络技术。对于远距离骨干网，通常首选同步数字系列(Synchronous Digital Hierarchy，SDH)；对于城市区域网络，万兆以太网是一种性价比很高的方案。

　　(2)选用的介质应与网络类别相匹配。例如，骨干网首选 SDH，则应使用光纤。

　　(3)如果通信干线距离较长(200m 以上)且对带宽要求较高，则首选光纤；如果是室外，则一般选用单模光纤；如果是室内且距离为几百米，则可使用多模光纤。

　　(4)如果通信干线距离较长(200m 以上，几千米以下)、敷设有线介质不便且数据量不是很大，则首选 3G、4G、5G 等无线网络。

（5）如果通信干线距离较短（200m 以内），则首选局域网，使用超五类双绞线。

2. 接入网络通信介质设计

一般原则和方法如下。

（1）如果距离较长（200m 以上）且对带宽要求较高，则首选光纤。

（2）如果通信干线距离较长（200m 以上，几千米以下）、数据量不是很大，则首选 GPRS、3G、4G、5G 等无线方式。

（3）如果通信干线距离较短（200m 以内），则首选 WLAN 等方式。

（4）如果通信干线距离较短（100m 以内），则首选超五类双绞线。

具体采用哪种介质，应根据具体环境、通信带宽与 QoS 要求、施工条件等因素确定。对于智能家居系统，接入网络主要采用 Wi-Fi 无线通信，骨干网与汇聚网络主要采用光纤进行通信。

10.3.2 结构化布线

1. 结构化布线概念

结构化布线系统是一个能够支持任何用户选择的话音、数据、图形图像应用的电信布线系统。系统应能支持话音、图形、图像、数据多媒体、安全监控、传感等各种信息的传输，同时支持用户数据报协议（User Datagram Protocol，UTP）电缆、光纤、屏蔽双绞线（Shielded Twisted Pair，STP）电缆、同轴电缆等各种传输载体，支持多用户多类型产品的应用，支持高速网络的应用，这些应用场景主要使用以太网。

结构化布线具有以下特点。

（1）实用性。支持多种数据通信、多媒体技术及信息管理系统等，能够适应现代和未来技术的发展。

（2）灵活性。任意信息点能够连接不同类型的设备，如打印机、终端、服务器、监视器等。

（3）开放性。支持任何厂家的任意网络产品，支持任意网络结构，如总线型、星形、环形等。

（4）模块化。所有的接插件都是积木式的标准件，方便使用、管理和扩充。

（5）扩展性。实施后的结构化布线系统是可扩充的，以便将来有更大需求时，很容易将设备安装接入。

（6）经济性。一次性投资，长期受益，维护费用低，使整体投资达到最少。

2. 结构化布线构成

按照一般划分，结构化布线系统包括 6 个子系统：工作区子系统、水平布线子系统、管理子系统、垂直主干线子系统、设备间子系统和建筑群主干子系统，如图 10.7 所示。

（1）工作区子系统。

该子系统由终端设备连接到信息插座的连线（或软线）组成，包括装配软线、适配器和连接所需的扩展软线。工作区布线要求相对简单，这样就容易移动、添加和变更设备。

（2）水平布线子系统。

该子系统连接管理子系统至工作区，包括水平布线、信息插座、电缆终端及交换。指定的拓扑结构为星形，处于同一楼层上，一端接信息插座上，另一端接在干线接线间或设备机房的管理配线架上。水平布线可选择的介质有 3 种（UTP 电缆、STP 电缆及光纤），最远的延伸距离为 90m。除了 90m 水平电缆外,工作区子系统与管理子系统的接插线和跨接线电缆的总长可达 10m。

(3)管理子系统。

管理子系统主要是指数据系统的网络设备室(或称网络中心),该子系统主要由配线架和连接配线架与设备的电缆组成。

(4)垂直主干线子系统。

该子系统实现各楼层水平子系统之间的互连,包括主干电缆、中间交换和主交接、机械终端和用于主干到主干交换的接插线或插头。主干布线要采用星形拓扑结构,接地应符合 EIA/TIA607 规定的要求。

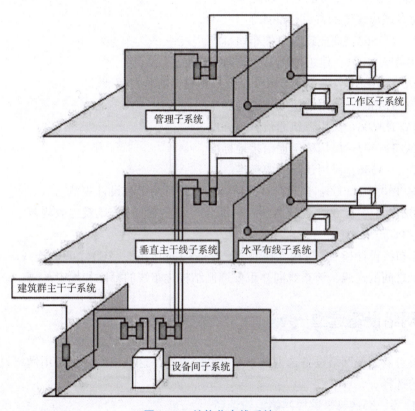

图 10.7 结构化布线系统

(5)设备间子系统。

该子系统由设备间中的跳线电缆、适配器组成,实现中央主配线架与各种不同设备的互连。EIA/TIA569 标准规定了设备间的布线要求。该子系统是布线系统最主要的管理区域,所有楼层的资料都由电缆或光纤电缆传送至此。通常,该子系统安装在计算机系统、网络系统和程控机系统的主机房内。

(6)建筑群主干子系统。

该子系统提供外部建筑物与大楼内布线的连接点。EIA/TIA569 标准规定了网络接口的物理规格,实现建筑群之间的连接。

3. 线缆铺设标准

(1)应充分考虑线缆的冗余,以备扩展需要。

（2）应遵循国家和政府在建筑方面的政策方针。

（3）铺设之前，应测试线缆设备，以保证要铺设的线缆都满足需要的性能指标。

（4）经过压力、通风系统时，应该使用压力通风型线缆。

（5）对所有不同类型的线缆进行整理，做好标记。

（6）确保线缆质量，并选用正确等级的线缆。

（7）尽可能让数据线垂直通过电力线，不要近距离（小于15cm）平行铺设铜质电线和电力线。

（8）线缆应被固定。

（9）保证线缆末端尽可能短，以防噪声干扰。

结构化布线应遵循的常见标准如下。

（1）EIA/TIA568：商业建筑电信布线标准。

（2）ISO/IEC11801：建筑物通用布线国际标准。

（3）EIA/TIATSB-67：非屏蔽双绞线系统传输性能验收标准。

（4）EIA/TIA569：民用建筑通信通道和空间标准。

（5）EIA/TIA606：民用建筑通信管理标准。

（6）EIA/TIA607：民用建筑通信接地标准。

（7）EIA/TIA586：民用建筑线缆标准。

（8）GB/T50311-2000：建筑与建筑群综合布线系统工程设计规范。

（9）GB/T50312-2000：建筑与建筑群综合布线系统工程施工及验收规范。

4. WLAN 布线设计

WLAN 布线设计指 AP 与接入控制器（Access Controller，AC）之间的连线、AP 与路由器或交换机之间的连线，该布线同样也要遵循结构化布线的标准和规定。

10.4 网络设备选型

感知设备及无线网络设备选型在第 9 章已经讲述，这里主要介绍通用网络设备选择及传输介质的选择。

1. 路由器、交换机等通用网络设备选择

选择路由器与交换机时，应考虑的主要因素包括性能、功能、接口（介质）类型、价格与售后服务、政策限制、安装限制。

可供选择的网络设备非常多，如交换机、路由器等，其中 Cisco 公司出品的较常用，但价格也相对较高。在国产品牌中，华为、中兴、锐捷等公司的产品都能满足常规系统的要求。

2. 传输介质选择

物联网中涉及各种设备与物品，通常包括多种传输介质。选择传输介质时，应考虑的主要因素包括带宽、传输距离、连接方式、价格、安全性、安装限制。通常，在末端（感知部分），可考虑无线传输；对于光纤传感网，可采用单模或多模光纤；对于接入网络，根据环境条件，可选择 GPRS、3G、4G 无线传输、Wi-Fi 无线传输、光纤等；对于骨干网络，一般选择光纤。

10.5　物理网络设计说明书

　　物理网络设计说明书的作用是说明应该在什么样的特定物理位置实现逻辑网络设计方案中的相应内容，以及怎样有逻辑、有步骤地实现每一步设计。此文件详细说明了网络类型连接到网络的设备类型、传输介质类型以及网络中设备和连接器的布局，即线缆要经过什么地方、设备和连接器要安放的位置，以及它们是如何连接起来的。物理网络设计说明书内容如下。

×××物联网工程项目物理网络设计说明书

第 1 章　引言
　　1.1　项目背景
　　1.2　文件目的和范围
　　1.3　术语和缩略词
第 2 章　物联网设备选型
　　2.1　产品技术指标分析
　　2.2　成本因素考虑
　　2.3　原有设备的兼容性评估
　　2.4　产品的延续性和扩展性考虑
　　2.5　设备可管理性和维护性评估
　　2.6　厂商的技术支持和服务评估
　　2.7　产品的备品备件库和售后服务保障
第 3 章　物联网设备部署和连接设计
　　3.1　设备部署位置和数量规划
　　3.2　设备连接方案设计
　　3.3　通信介质和接口选择
　　3.4　设备供电和电源设计
第 4 章　通信网络设计和优化
　　4.1　骨干网络和汇聚网络通信介质设计
　　4.2　网络设备和通信线路部署
　　4.3　网络性能优化和可靠性措施
第 5 章　数据中心和云平台设计
　　5.1　数据中心设计
　　5.2　云平台选择和配置
第 6 章　安全防护设计和措施
　　6.1　安全策略制订和实施计划
　　6.2　设计物理安全防护措施(保护物联网设备和网络设施的安全)
　　6.3　加密和身份验证方案的设计和实施(确保数据的机密性和完整性)
　　6.4　入侵检测和防护系统的部署(预防恶意攻击和非法入侵)
第 7 章　实施计划和时间表
　　7.1　实施步骤和任务分配
　　7.2　关键里程碑和时间表

思考题

1. 逻辑网络设计的主要内容包括哪些？
2. 结构化布线由哪几个子系统构成？
3. 网络冗余设计的好处是什么？
4. 在什么应用场景会选择 ZigBee 网络？

第 11 章

物联网工程项目应用层设计

项目任务

- 选择合适的应用层软件设计方案，做好应用层软件需求分析
- 选择合适的开发方案，制订软件开发日程表
- 对项目进行概要设计、详细设计，并撰写设计文件
- 编码实现并测试交付应用

11.1 软件工程

在软件工程这个概念出现之前，软件的开发主要依赖开发人员的个人技能，没有可以遵循的开发方法进行指导，开发过程也缺乏有效的管理。20 世纪 60 年代初，"软件"一词出现，这引起人们对文件的重视，但文件规范尚未形成。随着计算机在各个领域的广泛应用，软件的需求量越来越大，软件的复杂度也越来越高，导致软件开发远远满足不了社会发展的需要，超出预算、超过预期的交付时间的事情经常发生。由于缺乏与软件开发有关的文件以及没有好的开发方法的指导，大量已有的软件难以得到维护。20 世纪 60 年代中期，出现了人们难以控制的局面，即"软件危机"。

1968 年，北大西洋公约组织在一次国际学术会议上首次提出了"软件工程"一词，希望用工程化的方法进行软件的开发。

11.1.1 软件工程概述

软件工程一直以来都缺乏一个统一的定义，很多学者、组织机构都分别给出了自己认可的定义。

北大西洋公约组织对软件工程给出的定义：建立并使用完善的工程化原则，以较经济的手段获得能在实际机器上有效运行的可靠软件的一系列方法。

美国电气与电子工程师协会在《软件工程术语汇编》中对软件工程的定义：将系统化的、严格约束的、可量化的方法应用于软件的开发、运行和维护过程，即将工程化应用于软件，以及对上述定义所述方法的研究。

《计算机科学技术百科全书》对软件工程的定义：应用计算机科学、数学、逻辑学及管理科学等原理开发软件的工程。软件工程借鉴传统工程的原则、方法，以提高质量、降低成本和改进算法。其中，计算机科学、数学用于构建模型与算法，工程科学用于制订规范、设计范型（Paradigm）、评估成本，管理科学用于计划、资源、质量、成本等管理。

目前公众比较认可的一种对软件工程的定义：软件工程是研究和应用如何以系统的、规范的、可量化的过程化方法去开发和维护软件，以及如何把被证明是正确的管理技术和当前能够运用最好的技术方法结合起来的一系列工作的集合。

11.1.2　软件开发过程

软件工程过程是指为获得软件产品，在软件工具的支持下，由软件工程师完成的一系列软件工程活动，包括以下 4 个方面：

（1）P（Plan）：软件规格说明，规定软件的功能及其运行时的限制。

（2）D（Do）：软件开发，开发出满足规格说明的软件。

（3）C（Check）：软件确认，确认开发的软件能够满足用户的需求。

（4）A（Action）：软件演进，软件在运行过程中不断改进以满足用户新的需求。

软件开发有以下 4 条基本准则。

1. 选取适宜的开发风格

在系统设计中，经常需要权衡软件需求、硬件需求，以及其他因素之间的相互制约和影响，适应需求的变化。因此，要选用适宜的开发风格，以保证软件开发的可持续性，并使最终的软件产品满足用户的要求。

2. 采用合适的设计方法

在软件设计中，通常要考虑软件的模块化、信息隐蔽、局部化、一致性以及适应性等问题。采用合适的设计方法有助于解决这些问题，以达到软件工程的目标。

3. 提供高质量的工程支持

软件工程如其他工程一样，需要提供高质量的工程支持，如配置管理、质量保证等，才能按期交付高质量的软件产品。

4. 有效的软件工程管理

软件工程的管理直接影响可用资源的有效利用，以提高软件组织的生产能力。因此，只有对软件过程实施有效管理时，才能实现有效的软件工程。

软件工程方法学包含 3 个要素：方法、工具和过程。方法是完成软件开发的各项任务的技术方法，回答"怎样做"的问题；工具是为运用方法而提供的自动或半自动的软件工程支撑环境；过程是为了获得高质量的软件所需要完成的一系列任务的框架，规定了完成各项任务的工作步骤。

常见的软件工程方法有传统结构化方法和面向对象方法。

传统结构化方法从问题最高的抽象层次开始，自顶向下逐步求精，采用结构化分析、结构化设计、结构化实现技术完成软件开发，其特点是分阶段顺序完成各任务，每个阶段结束前都必须进行严格的技术审查和管理复审，并且每个阶段都应该提交高质量的文件。采用这种方法，软件开发成功率高、生产率高，但是由于数据和操作人为地被分离，导致软件维护困难。即使这样，传统的结构化方法仍然是人们开发软件时使用得十分广泛的方法。

面向对象方法的基本原则是尽量模拟人类习惯的思维方式，使开发软件的方法与过程尽可能接近人类自然认识世界、解决问题的方法与过程。面向对象方法认为对象是融合了数据及在数据上操作的统一软件构件，所有对象都划分成类，相关的类按继承关系组织成一个层次结构系统，对象间仅通过发送消息互相联系。

面向对象方法使描述问题的问题空间（也称为问题域）与实现解法的解空间（也称为求解域）在结构上尽可能一致。面向对象方法在概念和表示上的一致性提高了软件的可理解性，有利于提高开发过程中各阶段的沟通效率，简化了软件的开发和维护工作，也促进了软件重用。

11.2 软件开发过程

11.2.1 软件生存周期

通常把一个软件从定义，到开发、使用和维护，直到最终被废弃的整个过程称为软件生存周期。软件生存周期大致可以分为 6 个阶段。

1. 计算机系统工程

计算机系统包括计算机硬件、软件，以及使用计算机系统的人、数据库、文件、规程等系统元素。计算机系统工程的任务是确定待开发软件的总体要求和范围，以及该软件与其他计算机系统元素之间的关系。对软件项目进行成本估算，做出进度安排，并进行可行性研究，即从经济、技术、法律等方面分析待开发软件是否有可行的解决方案，并在若干个可行的解决方案中做出选择。

2. 需求分析

需求分析主要解决待开发软件要"做什么"的问题，确定软件的功能、性能、数据、界面等要求，生成软件需求规约（也称软件需求规格说明）。

3. 软件设计

软件设计主要解决待开发软件"怎么做"的问题。软件设计通常可分为系统设计（也称概要设计或总体设计）和详细设计。系统设计的任务是设计软件系统的体系结构，包括软件系统的组成成分、各成分的功能和接口、成分间的连接和通信，同时还需要设计全局数据结构。详细设计的任务是设计各个组成成分的实现细节，包括局部数据结构和算法等。

4. 编码

编码阶段的任务是用某种程序设计语言，将软件设计的结果转换为可执行的程序代码。

5. 测试

测试阶段的任务是发现并纠正软件中的错误和缺陷。测试主要包括单元测试、集成测试、确认测试和系统测试。

6. 运行和维护

软件完成各种测试后就可交付使用，在软件运行期间，需对投入运行的软件进行维护。当发现了软件中潜藏的错误，或需要增加新的功能，或需要使软件适应外界环境的变化时，需要对软件进行修改。

11.2.2 软件生存过程

GB/T 8566—2007 标准综合了 ISO/IEC 12207: 1995、ISO/IEC 12207: 1995/Amd. 1: 2002 和 ISO/IEC 12207: 1995/Amd. 2: 2004 标准，并做了一些结构性的调整。

GB/T 8566—2007 标准把软件生存周期中可以开展的活动分为 5 个基本过程、9 个支持过程和 7 个组织过程，每一个过程划分为一组活动，每项活动又进一步划分为一组任务。

1. 基本过程

基本过程（Primary Processes）供各主要参与方在软件生存周期中使用，主要参与方是发起或完成软件产品开发、运行或维护的组织，包括软件产品的需方、供方、开发方、操作方和维护方。

2. 支持过程

支持过程（Supporting Processes）有不同的目的，它作为一个有机组成部分来支持其他过程，以便软件项目成功运行并提高软件项目的质量。根据需要，支持过程被其他过程应用和执行。

3. 组织过程

组织过程（Organizational Processes）可被某个组织用来建立和实现由相关的生存周期过程和人员组成的基础结构，并不断改进这种结构和过程。

11.2.3 软件过程模型

软件过程模型习惯上也称为软件开发模型，是软件开发全部过程、活动和任务的结构框架。典型的软件过程模型有瀑布模型、演化模型（如增量模型、原型模型、螺旋模型）、喷泉模型、基于构件的开发模型和形式化方法模型等。

1. 瀑布模型

瀑布模型（Waterfall Model）是 1970 年由罗伊斯 W. Royce 提出的，有时也称为软件生存周期模型，如图 11.1 所示。在瀑布模型中，接收上一阶段活动的结果作为本阶段活动的输入，将本阶段活动的结果作为输出，传递给下一阶段，上一阶段的活动完成并经过评审后，才能开始下一阶段的活动。

瀑布模型是最早出现的、应用最广的过程模型，对确保软件开发的顺利进行、提高软件项目的质量和开发效率起到重要的作用，其特点如下。

（1）阶段间具有顺序性和依赖性。

（2）前一阶段完成后，才能开始后一阶段。

（3）前一阶段的输出为后一阶段的输入。

（4）推迟实现。

（5）保证质量。

（6）每个阶段必须交付合格的文件。

（7）对文件进行审核。

瀑布模型在实施过程中存在以下缺点。

（1）在开始阶段就需要把需求做到最全，但用户常常难以清晰地描述所有需求，而且在开发过程中，用户的需求常常会发生变化。

（2）惧怕用户测试中的反馈，惧怕需求变更。瀑布模型使得用户在测试完成以后才能看到真正可运行的软件，如果此时发现软件不满足用户需求（由于需求不确定性），那么修改软件的代价是巨大的。

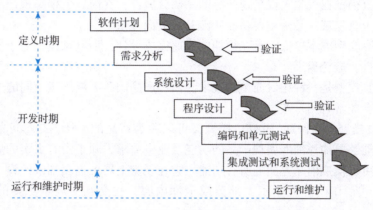

图 11.1　瀑布模型

2. 快速原型模型

实践表明，在开发初期，很难得到一个完整、准确的需求规格说明。这主要是由于用户往往不能准确地表达对系统的要求，因此开发者对需要解决的问题并不清楚，以至于形成的需求规格说明常常是不完整、不准确的，有时甚至是有歧义的。此外，在整个开发过程中，用户随时可能会产生新的要求，导致需求变更。瀑布模型难以适应这种需求的不确定性和变化，于是出现了一种新的开发方法——快速原型模型（Rapid Prototype Model），如图 11.2 所示。

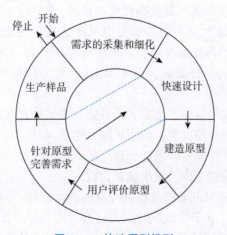

图 11.2　快速原型模型

快速原型模型克服了瀑布模型的缺点，减少了由于软件需求不明确带来的开发风险，其特点如下。

（1）用户参与需求的获取过程，可及早验证系统是否符合需求。

（2）开发人员在建立模型的过程中进行业务学习，有助于减少设计及编码阶段的错误。

快速原型模型也存在一定的缺点，如所选用的开发技术和工具不一定符合主流发展，在快速建立起来的系统结构上进行连续的修改可能会导致产品质量低下等。在进行快速原型设计时，常用的方法有低保真模型和高保真模型。

（1）低保真模型。低保真（Lo-Fi）模型也称为线框图，是将高级设计概念转换为有形的、有可测试物的简便快捷方法。它首要的作用是检查和测试产品功能，而不是产品的视觉外观。低保真模型在视觉上仅呈现产品的一部分属性，在内容上仅呈现产品内容的关键元素，在交互上仅呈现产品中重要功能所涉及的页面关系。

创建低保真模型成本较低，可在短期内快速完成设计，而且该模型易于复用，便于设计团队复用组件，避免返工。

虽然低保真模型是一种相对简单的技术，但当产品团队需要探索不同的想法并快速优化设计时，它会非常有用。

（2）高保真模型。高保真（Hi-Fi）模型又可以称为产品的小样，是尽可能接近最终产品的样品。它能够更加详细地展现产品的功能及业务需求，除了没有真实的后台数据进行支撑外，几乎可以模拟前端界面的所有功能。它在视觉上展示逼真细致的设计细节，接近最终产品的样式，在内容上展示大部分或全部内容，在交互上展示更多的细节和页面关系。

高保真模型需要在低保真模型的基础上进行配色，插入真实的图片及图标，为相关的组件及页面添加交互事件、配置交互动作。从视觉显示及交互设计视角来看，高保真模型就是一个完全高仿的产品原型。

高保真模型常用的开发工具有 Axure、摹客 RP、Sketch 等。

3. 螺旋模型

螺旋模型强调风险分析，适合于大规模软件项目。螺旋模型是勃姆（B. Boehm）于 1988 年提出的，这种模型将快速原型模型的迭代特征与瀑布模型中的控制和系统化结合起来，不仅体现了这两种模型的优点，而且增加了风险分析。任何软件项目的开发都存在一定的风险，实践表明，项目规模越大，其复杂程度也越高，资源、成本、进度等因素的不确定性也越大，项目的风险也越大。人们希望在因风险造成危害之前及时识别风险，分析风险，并采取相应的对策，消除或减少风险。螺旋模型如图 11.3 所示。

螺旋模型沿着螺线自内向外旋转，用 4 个象限（称为任务区域）分别表示 4 个方面的任务。

（1）制订计划：确定软件目标，选定实施方案，弄清项目开发的限制条件。

（2）风险分析：评价所选的方案，识别风险，消除风险。

（3）工程实施：实施软件开发，验证工作产品。

（4）用户评估：评价开发工作，提出修正建议。

在螺旋模型中，软件项目开发沿着螺旋线自内向外旋转，每旋转一圈，表示开发出一个更为完善的新软件版本。如果发现风险太大，开发者和用户无法承受，则项目就可能终止。多数情况下，沿着螺旋线的活动会继续下去，自内向外逐步延伸，最终得到期望的系统。

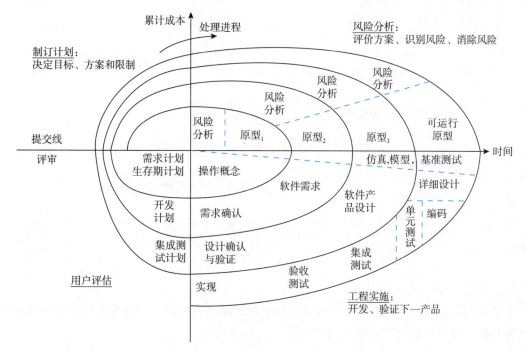

图 11.3 螺旋模型

螺旋模型的优点如下。

(1)设计上灵活，可以在项目的各个阶段进行变更。

(2)以小的分段来构建大型系统，使成本计算变得简单容易。

(3)用户始终参与，保证了项目不偏离正确方向以及项目的可控性。

螺旋模型的缺点是很难让用户确信这种演化方法的结果是可控的，且建设周期长。

4. 增量模型

增量模型(Incremental Model)将软件的开发过程分成若干个日程时间交错的线性序列，每个线性序列产生软件的一个可发布的"增量"版本，后一个版本是对前一个版本的修改和补充，重复增量发布的过程，直至产生最终的完善产品。增量模型如图 11.4 所示。

采用增量模型开发软件，软件体系结构必须是开放的，每增加一个新的部分，不能破坏原来已经提交的产品。因此，增量模型对设计提出了很高的要求。增量模型适合的软件开发场景有：在整个开发过程中，需求随时可能变化，用户接受分阶段交付；分析设计人员对应用领域不熟悉，难以一步到位；中等或高风险项目；软件公司自己有较好的类库、构件库。

增量模型的优点如下。

(1)短时间内向用户提供可完成部分工作的产品。

(2)逐步增加产品功能可以使用户有时间了解和适应新产品。

(3)开放结构的软件拥有的维护性明显好于封闭结构的软件。

增量模型的缺点如下。

(1)容易退化为边做边改模型，从而使软件过程的控制失去整体性。

(2)如果增量包之间存在相交的情况且未很好处理，则必须做全盘系统分析。

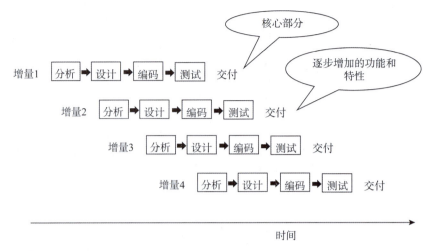

图 11.4 增量模型

5. 喷泉模型

喷泉模型是一种以用户需求为动力、以对象为驱动的模型，主要用于描述面向对象的软件开发过程。喷泉模型如图 11.5 所示。

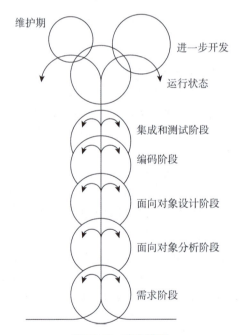

图 11.5 喷泉模型

它克服了瀑布模型不支持软件重用和多项开发活动集成的局限性。该模型认为在软件开发过程中自下而上的各阶段是相互迭代和无间隙的，软件的某个部分常常会重复工作多次，相关对象在每次迭代中都会升级。

无间隙指在各项活动之间无明显边界，如分析和设计活动之间没有明显的界线。由于对象概念的引入，表达分析、设计、实现等活动只需要使用对象类，从而可以较容易地实现活动的迭代和无间隙，使开发得以复用。

喷泉模型的优点如下：各个阶段没有明显的界线，开发人员可以同步进行开发，提高软件开发效率，节省开发时间。

喷泉模型的缺点如下。

(1)在各个开发阶段是重叠的，需要大量的开发人员，不利于项目管理。

(2)要严格管理文件，使得审核难度加大，尤其是面对可能随时加入的各种信息、需求与资料的情况。

6. 敏捷软件开发

敏捷软件开发(Agile Software Development)是一种以人为核心的、循序渐进的软件开发方法，它强调团队合作、用户需求和适应变化。在敏捷开发中，软件项目的构建被分成多个子项目，各个子项目的成果都经过测试，具备集成和可运行的特征。

敏捷软件开发的流程如下。

(1)规划。在规划阶段，团队会确定项目的整体目标和计划，包括项目的范围、时间表、预算等。

(2)需求分析。在需求分析阶段，团队会与利益相关者进行交流，了解他们的需求和期望，并编写需求文件。

(3)任务分解。将项目分解为多个子项目，每个子项目都可以分配给某个团队成员进行开发和测试。

(4)任务分配。根据任务的大小和难度，分配给合适的团队成员。

(5)迭代开发。在每个迭代周期开始时，团队会召开迭代计划会议，确定迭代周期的目标和计划。团队成员开始开发和测试各自的任务，并在迭代周期结束时提交完成的任务。

(6)集成和测试。在每个迭代周期结束时，团队会进行集成和测试，确保已完成的任务与其他任务和系统集成良好，并满足需求。

(7)反馈和调整。在每个迭代周期结束后，团队会进行回顾会议，讨论迭代周期中遇到的问题和挑战，并制订相应的调整计划，团队会将这些反馈应用到下一个迭代周期中。

(8)发布。当项目达到预定的目标时，团队会进行最终的测试和调整，并将软件发布给最终用户。

实际的敏捷软件开发流程可能因团队和项目的不同而有所不同。

敏捷软件开发的优点如下。

(1)以人为本。敏捷软件开发强调人之间的互动和协作，认为面对面的交流是最有效的信息传递方式。

(2)可持续开发。敏捷软件开发追求可持续的开发速度，保持长期稳定的工作节奏。

(3)适应变化。敏捷软件开发能够灵活应对需求变化，及时调整开发计划，以满足用户需求。

(4)快速反馈。敏捷软件开发通过频繁的迭代和测试，能够快速反馈开发成果，使团队能够及时发现问题并进行调整。

(5)增强团队合作。敏捷软件开发强调团队成员之间的互动和协作，有利于团队合作和增强凝聚力。

(6)降低风险。通过频繁的迭代和测试，可以及时发现和解决潜在问题，降低开发风险。

敏捷软件开发也存在以下缺点。

（1）人员沟通压力大。敏捷软件开发要求团队成员之间频繁交流和协作，对人员的沟通能力和时间管理要求较高。

（2）对文件要求高。敏捷软件开发虽然不强调过程和工具，但对文件的要求较高，需要对文件保持清晰的记录，以便后续维护和修改。

（3）可能忽略全局规划。敏捷软件开发注重应对变化，但可能忽略对全局的规划和考虑，导致项目整体结构不够稳定。

（4）对人员技能要求高。敏捷软件开发需要团队成员具备较高的技能和经验，对人员的综合素质要求较高。

总之，敏捷软件开发是一种以人为核心、灵活应对变化的软件开发方法。它具有许多优点，但也存在一些缺点。在实践中，需要根据项目的具体情况和需求来选择合适的开发方法。

物联网工程项目的可行性研究过程与需求分析过程也适用于软件开发过程的可行性研究与需求分析，这里不再赘述，读者可参考第 2 章和第 8 章内容。

11.3　软件项目计划

软件项目管理过程中的一个关键活动是制订项目计划，它是软件开发工作的第一步。项目计划的目标为项目负责人提供一个框架，使之能合理估算软件项目开发所需的资源、经费和开发进度，并使软件项目开发过程按此计划进行。在制订计划时，必须就需要的人力、项目持续时间及成本做出估算。这种估算大多是参考以前的花费做出的。进度、成本和质量是制订软件项目计划的三要素，而进度、成本的估算依赖于软件规模的估算。

11.3.1　软件规模估算

软件规模估算是软件工程中的一个重要过程，它是对一个软件项目的大小、工作量、成本和时间进行预测的过程。软件规模估算可以帮助项目经理进行计划管理，评估项目的可行性和风险。

软件估算常见的方法有代码行技术和功能点技术。

1. 代码行技术

代码行技术依据以往开发类似产品的经验和历史数据，估计实现一个功能所需要的源程序行数，是一种比较简单的定量估算软件估摸的方法。

用代码行技术进行软件规模估算的过程如下。

（1）把实现每个功能的源程序行数累加起来，可得到实现整个软件所需要的源程序行数。

（2）估计程序的最小规模（乐观）的行数（a）、最大规模（悲观）的行数（b）和最可能的规模（m），计算程序的最佳期望行数 L

$$L = \frac{a + 4m + b}{6}$$

因为源程序的行数也是估算值，所以可能出现误差 L_d，可以用下式计算

$$L_\mathrm{d} = \sqrt{\sum_{i=1}^{m} \left(\frac{b - a}{6} \right)^2}$$

（3）程序规模小时用的单位是代码行数；程序规模大时用的单位是千行代码数。

利用代码行技术进行软件估算时，代码是"产品"，而且很容易计算代码行数，如果有以往开发类似产品的历史数据可参考，估计出的数值会比较准确。但这种方法也存在一定的缺点：源程序仅是软件配置的一个成分，用它的规模代表整个软件的规模不太合理；用不同语言实现同一个软件所需要的代码行数并不相同；这种估算方式不适用于非过程语言。

2. 功能点技术

代码行技术与项目的实现语言等技术相关，而功能点技术与实现的语言和技术无关，它用系统的功能数量来测量项目规模，通过评估、加权、量化得出功能点。功能点技术依据对软件信息域特性和软件复杂性的评估结果来估算软件规模，用功能点为单位度量软件规模可以克服代码行技术的缺点。功能点数的计算如下

$$FP（Function\ Points，功能点数）= UFP（Unadjusted\ Function\ Points，未调整的功能点数）\times$$
$$TCF（Technical\ Complexity\ Factor，技术复杂性因子）$$

其中，$UFP = a_1 \times Inp + a_2 \times Out + a_3 \times Inq + a_4 \times Maf + a_5 \times Inf$

①输入项数（Inp）：用户向软件输入的项数，这些输入给软件提供面向应用的数据，如屏幕、表单、对话框、控件、文件等。

②输出项数（Out）：软件向用户输出的项数，它们向用户提供面向应用的信息，如报表和出错信息等。

③查询数（Inq）：一次联机输入，它引起软件以联机输出方式产生某种即时响应。

④主文件数（Maf）：逻辑主文件（数据的一个逻辑组合）的数目。

⑤外部接口数（Inf）：机器可读的全部接口数量，用这些接口把信息传送给另一个系统。

$a_i（1 \leqslant i \leqslant 5）$是特性系数，其值由相应特性的复杂级别决定，其取值如表 11.1 所示。

表 11.1　特性系数取值

特性系数	复杂级别		
	简单	平均	复杂
输入系数 a_1	3	4	6
输出系数 a_2	4	5	7
查询系数 a_3	3	4	6
文件系数 a_4	7	10	15
接口系数 a_5	5	7	10

TCF 的影响因子 F_i 取值如表 11.2 所示，有 14 种常见的影响因子。

表 11.2　TCF 的影响因子 F_i 取值

标识	名称	标识	名称
F_1	数据通信	F_8	联机更新
F_2	分布式数据处理	F_9	复杂的计算
F_3	性能标准	F_{10}	可重用性

标识	名称	标识	名称
F_4	高负荷的硬件	F_{11}	安装方便
F_5	高处理率	F_{12}	操作方便
F_6	联机数据输入	F_{13}	可移植性
F_7	终端用户效率	F_{14}	可维护性

其中，F_i 的取值范围为 0~5，0 表示该因素不存在或对软件规模无影响，5 表示影响很大。技术因素对软件规模的综合影响（Degree of Influence，DI），方法如下：

$$DI = \sum_{i=1}^{14} F_i$$

TCF 的计算如下

$$TCF = 0.65 + 0.01 \times DI$$

得出功能点数为：

$$FP = UFP \times TCF$$

采用功能点技术估算软件规模更合理，因为功能点数与所用编程语言无关。在采用功能点技术时应注意，信息域特性复杂级别和技术因素对软件规模的影响程度均为主观给定的度量值，会在一定程度上影响软件规模的估算结果。

11.3.2　工作量估算

软件估算模型使用由经验导出的公式来预测软件开发工作量，工作量是软件规模的函数，工作量的单位通常是人月（Person Month，PM）。没有一个估算模型可以适用于所有类型的软件和开发环境。常见的工作量估算方法如下。

（1）Delphi（德尔菲）法。这是一种专家评估技术，适用于没有历史数据或历史数据不完整的情况。专家们根据经验和对项目的理解进行评估，专家的专业程度及对项目的理解程度是工作中的难点。尽管用 Delphi 法可以减轻这种偏差，但专家评估技术在评定一个新软件实际成本时通常用得不多。这种方法在决定其他模型的输入时特别有用。

（2）类比法。这种方法适合评估一些在应用领域、环境和复杂度相似的历史项目，通过新项目与历史项目的比较得到规模估计。类比法估计结果的精确度取决于历史项目数据的完整性和准确度，因此用好类比法的前提条件之一是组织建立起较好的项目后评价与分析机制。

（3）基于经验估算模型。例如，IBM 估算模型、COCOMO（Constructive Cost Model，构造性成本）模型和 Putnam（普特南）模型。

（4）自顶向下估算方法。估算人员参与以前的项目所耗费的总成本，然后按阶段步骤和工作单元进行分配，这种分配方法称为自顶向下估算方法。其优点是对系统工作非常重视，所以估算中不会遗漏系统及事物的成本估算；其缺点是在低级别上的技术性困难问题往往不清楚，这会使成本上升。

Delphi 法和类比法同样适用于软件规模的估算。COCOMO 模型使用一种基本的回归分析公式，用项目历史和现状中的某些特征作为参数来进行计算。COCOMO 模型在实际应用中取得了较好的效果，其结果很好地匹配了采用瀑布模型的软件项目。随着软件工程取得巨大进步，新的软件生存周期模型层出不穷，面对由螺旋模型或增量模型等进化开放模型创建的软件项目，COCOMO 遇到了越来越多的困难。为了适应软件生存周期、技术、组件、工具、表示法及项目管理技术的进步，勃姆对 COCOMO 模型做了调整和改进，提出了一个新的版本——COCOMO Ⅱ 模型。

COCOMO Ⅱ 模型中使用了 3 个螺旋式的过程模型：应用组装模型、早期设计模型和后体系结构模型。

1. 应用组装模型(Application Composition)

应用组装模型是基于对象点的度量模型，通过计算屏幕、报表、第三代语言(3GL)模块等对象点的数量来确定基本的规模，每个对象点都有权重，由一个三级的复杂性因子表示，将各个对象点的权值累加起来得到一个总体规模，再针对复用进行调整。

2. 早期设计模型(Early Design)

此模型可以在项目开始后的一个阶段使用，也可以在螺旋周期中探索体系结构时使用，还可以在进行增量开发测量时使用。为支持这一活动，COCOMO Ⅱ 模型提出了一个早期设计模型，这一模型使用功能点和等价代码行估算规模。

3. 后体系结构模型(Post Architecture)

一旦项目进入开放阶段，就必然确定一个具体的生存周期体系结构，此时项目就能够为估算提供更多、更准确的信息。

11.3.3 COCOMO Ⅱ 模型估算方法

在利用 COCOMO Ⅱ 模型进行软件成本估算过程时，首先采用软件规模估算方法对项目的规模进行估算，再应用 5 个比例因子，通过相关计算，将规模转化为工作量，并通过 17 个成本驱动因子对工作量进行调整，最后采用进度计算公式，计算出开发该项目所需要的进度以及人数。

后体系结构模型和早期设计模型采用相同的函数形式去估算软件项目开发所花费的工作量，以 PM 表示工作量值，计算过程如下

$$PM = A \times Size^E \times \prod_{i}^{n} EM_i$$

指数 E 的计算公式如下

$$E = B + 0.01 \times \sum_{j=1}^{5} SF_j$$

式中，Size 表示估算的软件规模，单位是源代码千行数；EM_i 为工作量乘数，i 的值对于后体系结构模型为 17，对于早期设计模型为 7，参数 A、B、EM_i、SF_j 的值是根据数据库中历史项目的实际参数和工作量的值进行校准获得的。

SF(Scale Factor)代表指数比例因子，其包括以下内容。

(1)先例性(Precedent，PREC)：表示以前是否开发过类似项目。

(2)开发灵活性(Flexible，FLEX)：表示软件性能与已经建立的需求和外部接口规范的一致程度。

(3)体系结构/风险化解(Architecture and Risk Resolution，RESL)：通过风险管理衡量项目的风险及建立体系结构的工作量。

(4)团队凝聚力(Team Cohesion，RERM)：衡量项目相关人员的管理状况。

（5）过程成熟度（Process Maturity，PMAT）：衡量项目过程的规范程度。

其取值如表 11.3 所示。

表 11.3　SF 指数比例因子取值

驱动	非常低	低	一般	高	非常高	特别高
先例性	6.20	4.96	3.72	2.48	1.24	0.00
开发灵活性	5.07	4.05	3.04	2.03	1.01	0.00
体系结构/风险化解	7.07	5.65	4.24	2.83	1.41	0.00
团队凝聚力	5.48	4.38	3.29	2.19	1.10	0.00
过程成熟度	7.80	6.24	4.68	3.12	1.56	0.00

11.4　设计工程

软件设计开始于软件需求的分析和规约之后，位于软件工程中的技术核心位置，是把需求转化为软件系统最重要的环节。软件需求分析解决"做什么"的问题，软件设计过程则解决"怎么做"的问题。

早期的软件设计分为概要设计和详细设计：概要设计将需求转换为数据结构、软件体系结构及其接口；详细设计将软件体系结构中的结构性元素转换为软件部件的过程性描述，得到软件详细的数据结构和算法。软件设计分为面向数据流的设计和面向对象的设计，本节主要讨论面向对象的软件设计。

11.4.1　UML

UML（Unified Modeling Language，统一建模语言）是一种用于软件系统的可视化建模语言，是一种基于面向对象的技术，它提供了一种标准化的图形化设计语言，使得开发者可以更加方便地描述和设计软件系统的结构和行为。

UML 常用 9 种图（见图 11.6），分别是用例图（Use Case Diagram）、类图（Class Diagram）、对象图（Object Diagram）、状态图（State Diagram）、活动图（Activity Diagram）、时序图（Sequence Diagram）、协作图（Collaboration Diagram）、构件图（Component Diagram）、部署图（Deployment Diagram）。有时，为了对模型进行分组，还会采用包图（Package Diagram）。

任何建模语言都以静态建模机制为基础，UML 也不例外。所谓静态建模，是指对象之间通过属性互相联系，这些关系不随时间而转移。

UML 的静态建模机制包括用例图、类图、对象图、包图、构件图、部署图，动态建模机制包括状态图、活动图、时序图、协作图。在动态模型中，对象间的交互是通过对象间消息的传递来完成的。

对象通过相互间的通信（消息传递）进行合作，并在其生存周期中根据通信的结果不断改变自身的状态。UML 图中的消息用带有箭头的线段来表示，如图 11.7 所示。

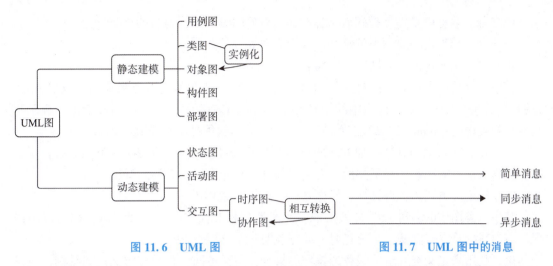

图 11.6　UML 图　　　　　　　　　图 11.7　UML 图中的消息

（1）简单消息（Simple）：表示控制流，描述控制如何从一个对象传递到另一个对象，但不描述通信的细节。

（2）同步消息（Synchronous）：是一种嵌套的控制流，用操作调用实现，操作的执行者要到消息相应操作执行完并回送一个简单消息后再继续执行。

（3）异步消息（Asynchronous）：是一种异步的控制流，消息的发送者在消息发送后就继续执行，不等待消息的处理。

虽然 UML 常用于建立软件系统的模型，但它同样可用于描述非软件领域的系统。下面详细介绍各种 UML 图。

1. 用例图

用例图从用户角度描述系统功能，描述角色以及角色与用例之间的连接关系，说明谁要使用系统，以及使用该系统可以做什么。一个用例图中包含多个模型元素，如系统、参与者和用例，并且显示了这些元素之间的关系，如泛化、关联和依赖，在第 8 章已详细讲述。

2. 类图

类图是描述系统中的类以及各个类之间关系的静态视图。类图是一种静态结构图，用于表示系统中的类、接口、属性和方法等元素之间的关系。类图是定义其他图的基础，在类图的基础上，可以使用状态图、协作图、构件图和部署图等进一步描述系统其他方面的特征。

（1）类图的表示。

类图中的类可以直接用某种面向对象编程语言实现。

类包括名称部分、属性部分和操作部分，UML 采用一个具有 3 个分栏的图标表示一个类，如图 11.8 所示。

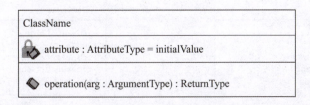

图 11.8　类图的表示

1）名称。名称就是一个类的名字，在面向对象的编程中，类名的首字母大写。

2）属性。属性用来描述类的特征，表示需要处理的数据。

属性的定义方式为：可见性　属性名：类型＝缺省值。

其中，可见性表示该属性对类外的元素是否可见，属性名表示访问范围，包括 3 类，分别为 public（＋）公有的，模型中的任何类都可以访问该属性；private（－）私有的，表示不能被别的类访问；protected（#）受保护的，表示该属性只能被该类及其子类访问。

3）操作。对数据的具体处理方法的描述放在操作部分，操作说明了该类能做些什么工作。操作通常称为函数，它是类的一个组成部分，只能作用于该类的对象上。

操作的定义方式为：可见性　操作名（参数表）：返回类型。

其中，类图中的名称分栏必须出现，而属性分栏和操作分栏可以出现，也可以不出现。应注意的是，当隐藏某个分栏时，并非表明某个分栏不存在。

接口是用来定义类或组件服务的操作的集合，与类不同，它没有定义任何结构，也没有定义任何实现。接口的表示如图 11.9 所示。

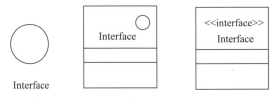

图 11.9　接口的表示

（2）类之间的关系。

类和类之间的关系有泛化、实现、依赖、关联、聚合和组合。

1）泛化（Generalization）。泛化关系又称为继承关系，是对象之间耦合度最大的一种关系，让子类继承父类的所有细节。泛化关系直接使用语言中的继承表达，在类图中使用带三角箭头的实线表示，箭头从子类指向父类。

例如，在智能家居系统中，设备类和设备详细类之间的关系就可以表示为泛化关系。在设备类中可以定义通用的一些属性和方法，而在设备详细类中可以根据设备自身的特点，再单独定义特有的属性和方法，如图 11.10 所示。

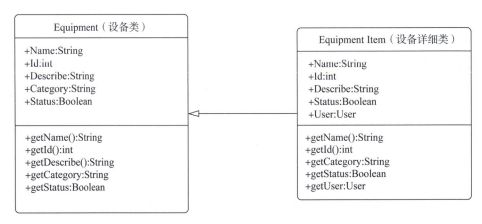

图 11.10　泛化关系的表示

2）实现（Realization）。实现关系在类图中就是接口和实现方法的关系，使用带三角箭头的虚线表示，箭头从实现类指向接口。例如，在智能家居系统中，设备控制接口与其实现逻辑类的表示如图 11.11 所示。

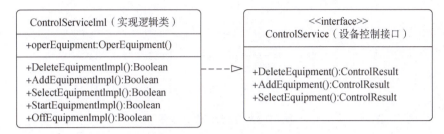

图 11.11　实现关系的表示

3）依赖（Dependency）。依赖关系是对象之间最弱的一种关系，是临时性的关联。代码中的依赖关系一般指由局部变量、函数参数、返回值建立的对于其他对象的调用关系。一个类调用被依赖类中的某些方法得以完成这个类的一些功能。在类图使用带箭头的虚线表示依赖关系，箭头从使用类指向被依赖的类。例如，在智能家居系统中，设备控制命令类与控制结果类之间的关系就属于依赖关系，如图 11.12 所示。

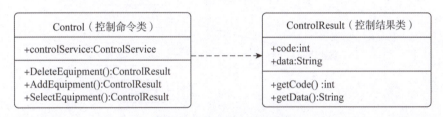

图 11.12　依赖关系的表示

4）关联（Association）。关联是对象之间的一种引用关系，例如，智能家居系统的用户类与设备详细类之间的关系就是关联关系，这种关系通常使用类的属性表达。关联关系又分为一般关联、聚合关联与组合关联，在类图中使用带箭头的实线表示，箭头从使用类指向被关联的类，可以是单向或双向。关联关系的表示如图 11.13 所示。

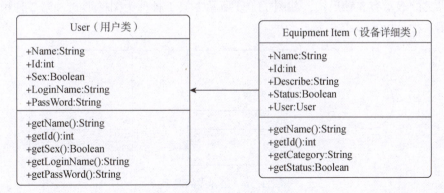

图 11.13　关联关系的表示

5）聚合（Aggregation）。聚合是一种不稳定的包含关系，比一般关联关系强。是整体与局部的关系，没有了整体，局部也可单独存在，如公司和员工的关系，公司由员工组成，如果公司倒闭，员工可以换公司。在类图中，聚合关系使用空心的菱形表示，菱形从局部指向整体。在智能家居系统中，家庭和智能设备(如智能灯泡、智能插座、智能窗帘等)存在聚合关系，如图 11.14 所示。

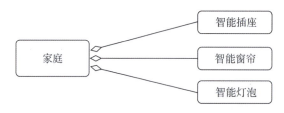

图 11.14　聚合关系的表示

6)组合(Composition)。组合是一种强烈的包含关系，组合类负责被组合类的生存周期，是一种更强的聚合关系，部分不能脱离整体存在。在类图中使用实心的菱形表示组合关系，菱形从局部指向整体。例如，公司和部门的关系就是组合关系，没有了公司，部门也不能存在了，调查问卷中问题和选项的关系以及订单和订单选项的关系也是组合关系。在智能家居系统中，感知终端和各种传感器、无线传输节点之间的关系就是组合关系，如图 11.15 所示。

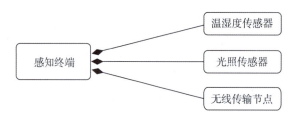

图 11.15　组合关系的表示

(3)类的划分。

类可以分为边界类、实体类和控制类。

1)边界类。边界类(Boundary Class)通常是指那些与外部系统、用户或其他接口进行交互的类。这些类位于系统与外界的"边界"上，因此而得名。

边界类的表示有 3 种形式，如图 11.16 所示。第 1 种称为图标形式，第 2 种称为修饰形式，第 3 种是标签形式。

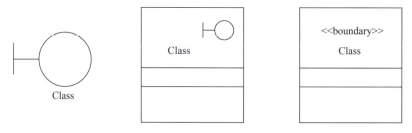

图 11.16　边界类的表示

边界类主要可以分为以下几种。

①用户界面类：这类边界类主要负责与用户进行交互，通常包括图形用户界面或命令行界面。它们接收用户的输入，并将系统的反馈显示给用户。

②系统接口类：这类边界类用于与其他系统进行通信和数据交换。它们实现了系统之间的互操作性，使得不同系统能够协同工作。

③设备接口类：这类边界类用于与硬件设备进行交互，如打印机、扫描仪等。它们负责发送指令给设备并接收设备的反馈，实现了系统与硬件设备的集成。

这里需要说明的是，上面介绍的系统接口类和设备接口类是否属于边界类，取决于它们在系统中的角色和位置。如果系统接口类是用来与外部系统进行通信的，那么它就是一个边界类。这种接口类通常负责处理与外部系统的数据交换和协议转换，起到了系统与外部世界之间的"桥梁"作用。设备接口类通常用于与硬件设备进行通信。如果这类接口是系统与硬件设备之间的唯一交互点，那么它也可以被视为一个边界类。设备接口类可能负责发送指令到硬件设备，以及接收和处理来自硬件设备的反馈。

2）实体类。实体类是用于对必须存储的信息和相关行为建模的类。实体对象（实体类的实例）用于保存和更新一些现象的有关信息，如事件、人员，或者一些现实生活中的对象。实体类通常都是永久性的，它们所具有的属性和关系是长期需要的，有时在系统的整个生存周期中都需要。实体类的表示如图 11.17 所示，其形式与边界类一样。

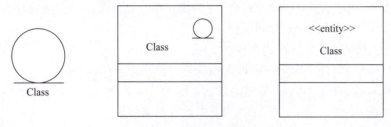

图 11.17　实体类的表示

3）控制类。控制类用于对一个或几个用例所特有的控制行为进行建模，它描述用例的业务逻辑的实现，控制类的设计与用例实现有紧密联系。在有些情况下，一个用例可能对应多个控制类对象，或一个控制类对象中对应着多个用例。它们之间没有固定的对应关系，而是根据具体情况进行分析判断。控制类有效地将业务逻辑独立于实体数据和边界控制，专注于处理业务逻辑，控制类会将特有的操作和实体类分离，这有利于实体类的统一化，提高了程序复用性。控制类的表示如图 11.18 所示，其形式与边界类一样。

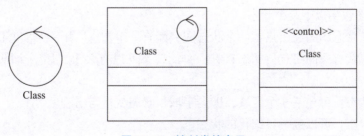

图 11.18　控制类的表示

类的识别是面向对象方法中的难点，也是建模的关键，常用的类的识别方法有名词识别法、系统实体识别法、从用例中识别类、利用分解与抽象技术识别类。

3. 对象图

对象图和类图一样，用于反映系统的静态过程，但它是从实际的或原型化的情景来表示的。对象图显示某时刻对象和对象之间的关系，一个对象图可看成一个类图的特殊用例。对象图是类图的实例，几乎使用与类图完全相同的标识。由于对象存在生存周期，因此对象图只能在系统某一时间段存在。对象图的表示如图 11.19 所示。

对象图的表示中可以直接在图上给出对象名，如下图第 1 种形式；也可以在图上指明对象对应的类名，如下图第 2 种形式；或是只给出类名没有对象名，这表示匿名类，如下图第 3 种形式。

object
object : Class
: Class

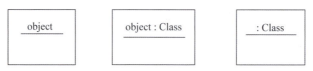

图 11.19　对象图的表示

消息是对象间的通信，它传递了要执行动作的信息，还能触发事件。消息用带箭头的实线表示。对象图常用在时序图中，表示对象间消息的传递情况。

4. 状态图

状态图描述了对象在生存周期中的一种条件或状况，在这种状况下，对象满足某个条件，或执行某个动作，或等待某个事件。一个状态在一个有限的时间段内存在，一个状态图包括一系列的状态以及状态之间的转移。

一个状态包括以下 3 个标准的事件。

(1)入口(entry)事件：用于指明进入该状态时的特定动作。

(2)出口(exit)事件：用于指明退出该状态时的特定动作。

(3)执行(do)事件：用于指明在该状态中执行的动作。

状态的表示如图 11.20 所示。

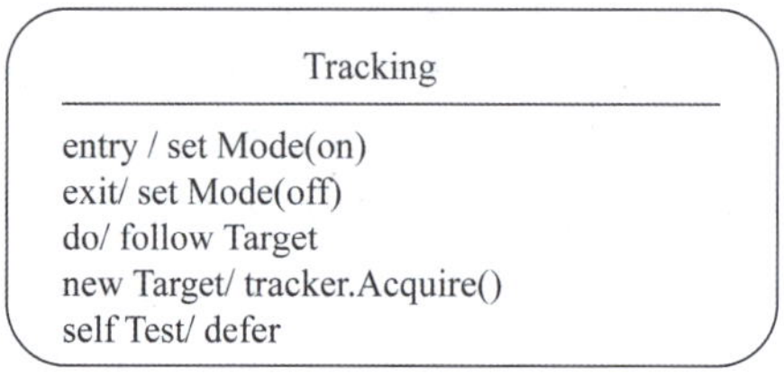

Tracking
entry / set Mode(on)
exit/ set Mode(off)
do/ follow Target
new Target/ tracker.Acquire()
self Test/ defer

图 11.20　状态的表示

一个状态图包括以下几个状态。

(1)初态：状态图的起始点，一个状态图只能有一个初态，用一个实心圆表示。

(2)终态：状态图的终点，初态只有一个而终态可以有多个，用一个圆环嵌套实心圆表示。

(3)中间状态：可包括 3 个区域，即名字域、状态变量与活动域。

(4)复合状态：可以进一步细化的状态。

从一个状态变换到另一个状态的过程称为状态的转换。转换由一个带箭头的直线表示，一端连接源状态，即转出的状态，带箭头的一端连接目标状态，即转入的状态。它表示对象在第一个状态将执行某些动作，当规定的事件发生或满足规定的条件时，对象进入第二个状态。

状态转换由源状态与目标状态、触发事件、监护条件和动作组成，如图 11.21 所示。

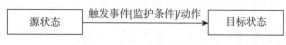

图 11.21　状态的转换

（1）源状态与目标状态。源状态是受转换影响的状态。当一个对象处于源状态时，如果接收到转换的触发事件并满足监护条件（如果有的话），就会激活转换。目标状态是转换完成后对象所处的状态。一旦转换被激活并成功执行，对象就会从源状态过渡到目标状态。

（2）触发事件。事件是发生在时间和空间上的可以引起状态的变迁，促使状态机从一种状态切换到另一种状态的事情，通常包括信号、调用、时间段或状态的一个改变。

（3）监护条件。监护条件是用方括号括起来的布尔表达式，它放在触发事件的后面，只有在引起转移的事件触发后才进行监护条件的计算。发生转移时，监护条件只在发生事件时计算一次。如果转移被重新触发，则监护条件再次被计算。如果监护条件和事件放在一起使用，则当且仅当事件发生且监护条件为真时才发生转移。如果只有监护条件，只要监护条件为真，就发生转移。

（4）动作。动作是在状态转换中执行的一系列操作，这些操作可以是原子的、即时的，也可以是复杂的、需要时间的。动作可以被视为一个不可分割的行为单元，它代表对象状态改变的一种方式。

事件触发了状态的转换，而触发条件则定义了转换的条件，动作则表示了转换过程中要执行的操作。这 3 个元素一起描述了对象状态的变化过程。

不是所有的对象都需要有状态图，有些对象有清晰的状态改变和事件的发生。例如，在智能家居系统中，空调的状态图如图 11.22 所示。

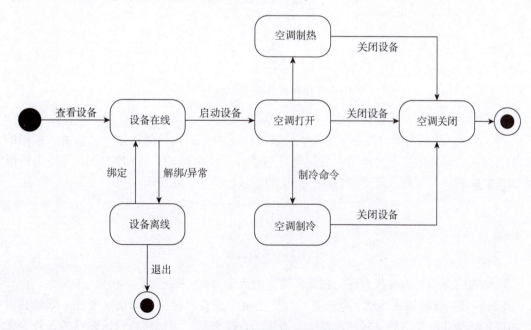

图 11.22　空调的状态图

5. 活动图

活动图描述系统的工作流程和并发行为,它用于展现参与行为的类所进行的各种活动的顺序关系。活动图着重描述操作在现实中完成的工作,以及用例、实例或对象的活动,描述了业务实现用例的工作流程,可以理解为用例图的细化。

在智能家居系统中,用户使用终端设备的活动图如图 11.23 所示。

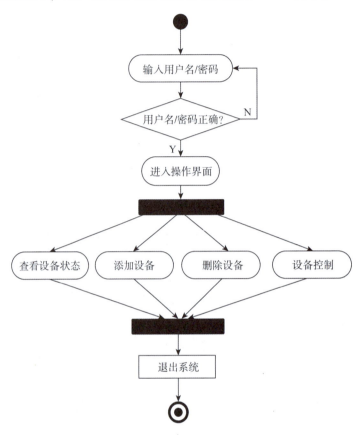

图 11.23 用户使用终端设备的活动图

构成活动图的模型元素有活动、转移、对象、信号、泳道、分支、分叉和合并等。

(1)活动。活动图中的每一个活动都代表工作流中一组执行的动作。活动由一系列的动作组成,活动图中一个活动结束后,将自动进入下一个活动。活动的 UML 符号由矩形或圆角矩形表示,并列出活动的名称。活动的表示如图 11.24 所示。

图 11.24 活动的表示

活动的初态和终态与状态图的初态和终态的表示方式一致。

(2)转移。转移描述活动之间的关系,描述由于隐含事件引起的活动变迁,即转移可以连接各活动及特殊活动。转移用带实心箭头的直线表示,可标注执行该转移的条件,无标注表示顺序执行。

(3)对象。在活动图中,对象是活动所操作或使用的实体,可以是数据、文件、资源、服务或任何其他事物。对象可以作为活动之间的接口，传递数据或请求服务。在活动图中，对象通常用矩形表示，对象流用带箭头的虚线表示，用于连接对象和动作。对象流的方向表示了对象在活动中的角色，可以是输入、输出，或者不改变对象状态。对象流可以用来描述系统中不同组件之间的交互和数据流动。对象的特点如下。

1）一个对象可以由多个动作操作。

2）一个动作输出的对象可以作为另一个动作输入的对象。

3）在活动图中，同一个对象可以多次出现，它每一次出现表明该对象正处于对象生存期的不同时间点。

（4）信号。信号用来表示在活动图中不同活动之间的交互。信号是活动图中不同活动之间进行通信的一种方式，可以触发和协调不同活动之间的操作。信号在活动图中通常用带有箭头的虚线表示，箭头的方向表示信号的传递方向。

信号可以分为两种：发送信号和接收信号。发送信号是指从一个活动发送给另一个活动的信号，通常表示请求或通知。接收信号是指一个活动接收到的来自另一个活动的信号，通常表示响应或确认。信号的表示如图 11.25 所示。

发送信号　　　　　接收信号

图 11.25　信号的表示

（5）泳道。泳道将活动图中的活动划分为若干组，并把每一组指定给负责这组活动的业务组织，即对象。泳道区分了负责活动的对象，明确表示了哪些活动是由哪些对象进行的。每个活动只能明确地属于一个泳道。泳道用垂直实线绘出，垂直实线分隔的区域就是泳道。在泳道上方给出对象或对象类的名字，该对象或对象类负责泳道内的全部活动。泳道也是一种分组机制。泳道的表示如图 11.26 所示。

对象
（对象类）

图 11.26　泳道的表示

（6）分支。分支表示从多种可能的活动转移中选择一个。分支的特点如下。

1）分支是转换的一部分，它将转换路径分成多个部分。

2）每一部分都有单独的监护条件和不同的结果。

3）当动作流遇到分支时，会根据监护条件（布尔值）的真假来判定动作的流向。

4）分支的每个路径的监护条件应是互斥的，这样可以保证只有一条路径的转换被激发。

活动图中的分支和流程图中的分支表示方式是一致的，如图 11.27 所示。

图 11. 27　分支的表示

（7）分叉和合并。分叉节点是活动图中的一个特殊节点，用于表示流程中的一个点，从这个点开始，将有两个或更多的并行分支同时执行。这通常用于表示任务的并行处理，不同的任务可以同时进行，不需要等待其他任务完成。分叉节点通常用一个较粗的条形节点表示，有两个或更多的出分支，每个出分支代表一个并行执行的路径。分叉节点本身不包含任何执行活动，它的主要作用是指示流程的并行性。

合并节点与分叉节点相对应，用于表示流程中并行分支需要重新同步的点。在合并节点之前，所有并行执行的分支必须完成它们的执行路径，然后流程才能继续向下一个活动节点进行。合并节点通常用一个较粗的条形节点表示，有一个或多个分支，代表等待所有并行分支完成。合并节点同样不包含具体的执行活动，它的主要作用是确保所有并行分支都已经完成。分叉和合并的表示如图 11. 28 所示。

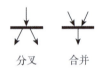

图 11. 28　分叉和合并的表示

例如，用带泳道的活动图表示智能家居系统中的添加设备流程，如图 11. 29 所示。

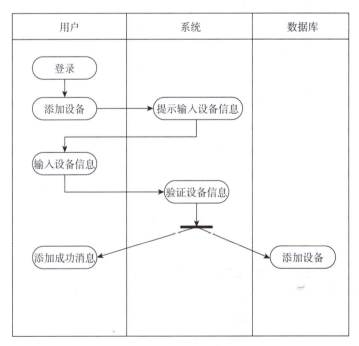

图 11. 29　添加设备流程的活动图

6. 时序图

交互图（Interaction Diagram）通常用来描述一个用例的行为，显示该用例中所涉及的对象和这些对象之间的消息传递情况。交互图包括时序图和协作图。时序图着重描述对象之间消息交换的时间顺序，协作图着重描述对象间如何协同工作(对象间的关系)。

对于业务人员，时序图可显示不同的业务对象如何交互，这对交流当前业务如何进行很有用。除记录组织的当前事件外，一个业务级的时序图能被当作一个需求文件使用，为实现一个未来系统传递需求。

需求分析阶段的时序图主要用于描述用例中对象之间的交互，可以使用自然语言来绘制，把用例表达的需求转化为进一步、更深层次的精细表达，用于细化需求。从业务的角度进行建模，用描述性的文字叙述消息的内容。理论上需要为每一个用例创建一个时序图，但是如果一个用例的交互对象很简单，那么可以不创建时序图。

对于技术人员，时序图在记录一个未来系统的行为应该如何表现时非常有效。在设计阶段，架构师和开发者能使用时序图挖掘出系统对象之间的交互、对象之间通过方法调用传递的消息，从而进一步完善整个系统的设计。

时序图中的元素如表 11.4 所示。

表 11.4　时序图中的元素

名称	解释	符号
参与者	与系统、子系统或类发生交互作用的外部用户(参见用例图定义)	
对象	时序图的横轴上是与序列有关的对象。对象的表示方法是：矩形框中写有对象或类名，且名字下面有下划线	
生命线	坐标轴纵向的虚线表示对象在序列中的执行情况(即发送和接收的消息，对象的活动)，这条虚线称为对象的生命线。生命线外的矩形框表示激活	
消息	消息用从一个对象生命线到另一个对象生命线的箭头表示。箭头以时间顺序在图中从上到下排列	

其中，激活表示该对象被占用以完成某个任务时，对象执行某个动作的时期。激活是过程的执行，包括等待过程执行的时间。

例如，在智能家居系统中，控制空调的时序图如图 11.30 所示。

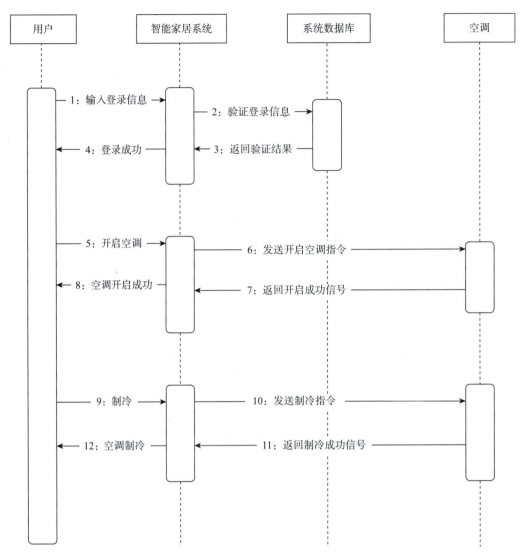

图 11.30　控制空调的时序图

7. 协作图

协作图用来表现类的一个操作如何实现,强调发送和接收消息的对象之间的组织结构。用协作图来说明系统的动态情况,主要描述协作对象间的交互和链接,显示对象、对象间的链接以及对象间如何发送消息。

可以认为协作图是时序图的另外一种表示,但它不强调时间和序列,只描述对象之间的简单交互。将图 11.30 转换为协作图,如图 11.31 所示。

协作图由参与者(Actor)、对象(Object)、消息(Message)和链接(Link)4 个元素构成。每个消息都有一个序号,表明消息的发送顺序。链接是对象之间的连接,也是类关联中的一个实例。在协作图中,链接使用实线或弧线来表示。

如果一个对象在消息的交互中创建,则可在对象名称之后标以{new}。如果一个对象在交互期间被删除,则可在对象名称之后标以{destroy}。

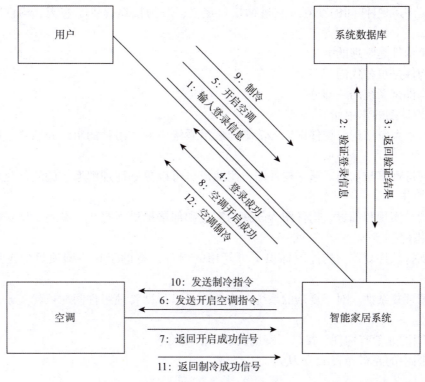

图 11.31 控制空调的协作图

协作图中的元素如表 11.5 所示。

表 11.5 协作图中的元素

名称	解释	符号
参与者	发出主动操作的对象，负责发送初始消息，启动一个操作	⚇ 参与者
对象	对象是类的实例，负责发送和接收消息，与时序图中的符号相同，冒号前为对象名，冒号后为类名(类名可省略)	Object: class
消息(由箭头和标签组成)	箭头指示消息的流向，从消息的发出者指向接收者。标签对消息进行说明，其中，顺序号指出消息的发生顺序，并且指明了消息的嵌套关系；冒号后面是消息的名字	顺序号：消息名 →　标签
链接	用线条来表示链接，链接表示两个对象共享一个消息，位于对象之间或参与者与对象之间	——

8. 构件图

构件图是一种特殊的 UML 图，用来描述系统的静态实现视图。构件代表了一个接口定义良好的软件模块。构件图用于表示系统的物理层次和组件之间的接口和依赖关系，不表示组件内部的实现细节，可以展示系统的软件架构，帮助开发者和系统分析师理解系统的组件化结构和组件间的交互。它遵循接口定义，并为接口提供了实现。构件图的特点如下。

（1）组构件是物理的。

（2）构件是可替代的。

（3）构件是系统的一部分。

使用构件图的作用如下。

（1）展示系统结构。构件图能够清晰地展示系统中各个组件的组织和结构，以及它们之间的关系。

（2）促进理解与沟通。通过构件图，团队成员可以更好地理解系统的组件化设计，便于沟通和协作。

（3）指导实现和部署。构件图为软件的实现和部署提供了指导，有助于确保系统按照设计进行构建。

（4）支持软件复用。构件图标识了可复用的组件，有助于在不同项目中重用已有的构件。

（5）管理复杂性。对于复杂的系统，构件图可以帮助管理组件间的依赖关系，降低系统的复杂性。

构件图的元素有构件、接口、实现关系和依赖关系。

构件图中的元素如表 11.6 所示。

表 11.6　构件图中的元素

名称	解释	符号
构件	系统中可替换的物理部分，构件名称标在矩形中，提供了一组接口的实现	构件名称
接口	外部可访问到的服务	○ 接口
实现关系	构件向外提供的服务	——————
依赖关系	构件依赖外部提供的服务（由构件到接口）	-------------->

UML 中的构件图的作用主要有以下几个方面。

（1）描述系统的组成部分。构件图可以清晰地表示系统由哪些组件构成，以及这些组件之间的相互关系，这有助于开发人员更好地理解系统的整体架构和组成。

（2）描述组件间的依赖关系。构件图可以清楚地表达各个组件之间的依赖关系，包括接口依赖、类方法调用等，这有助于开发人员了解系统的模块化程度以及各组件之间的交互方式。

（3）支持系统的静态建模。构件图是一种静态建模工具，它提供了对系统结构和行为的可视化描述。通过构件图，开发人员可以更好地理解系统的功能和行为，从而更好地进行系统的设计和开发。

（4）支持代码设计和实现。构件图可以清晰地表示系统的组件及其之间的关系，这有助于开发人员设计和实现代码。在编写代码时，开发人员可以根据构件图中的信息，确定如何实现各个组件之间的交互和通信。

（5）支持系统测试和维护。通过构件图，开发人员可以更好地理解系统的结构和功能，这有助于对系统进行测试和维护。当系统需要扩展或修改时，构件图可以提供有关系统组件及其关系的参考信息，帮助开发人员做出更合理的决策。

9. 部署图

部署图定义系统中软硬件的物理体系结构，用来描述系统硬件的物理拓扑结构以及在此结构上执行的软件，即系统运行时刻的结构。

部署图可以显示计算机节点的拓扑结构和通信路径、节点上执行的软构件、软构件包含的逻辑单元等。对于分布式系统，部署图可以清楚地描述系统中硬件设备的配置、通信，以及在硬件设备上的软构件和对象的配置。因此，部署图是描述任何基于计算机的应用系统的物理配置或逻辑配置的有力工具。部署图的元素有构件、节点和连接。部署图中的节点代表某种计算机构件，通常是某种硬件。节点还包括在其上运行的软构件，软构件代表可执行的物理代码模块，如一个可执行程序。节点的符号是一个立方体。

智能家居系统的部署图如图 11.32 所示。

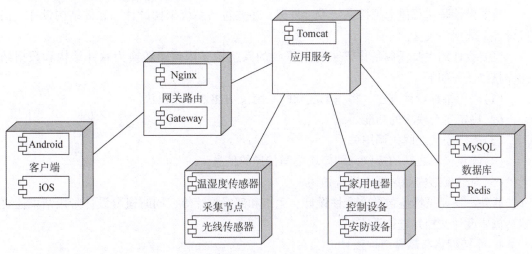

图 11.32　智能家居系统的部署图

10. 包图

一个古老的软件方法问题是：怎样将大系统拆分成小系统。UML 中解决该问题的思路之一是将许多类集合成一个更高层次的单位，形成一个高内聚、低耦合的类的集合。在UML 中，这种分组机制称为包（Package），引入包是为了降低系统的复杂性。

包是一种组合机制，把各种各样的模型元素通过内在的语义连在一起，形成一个整体。构成包的模型元素称为包的内容。包通常用于对模型的组织管理，因此有时又将包称为子系统（Subsystem）。每个包都有自己的模型元素，包与包之间不能共用一个相同的模型元素。包的实例没有任何语义，仅在模型执行期间才有意义。

包可以用在任何一种 UML 图中，一般多用在用例图和类图中。它就像文件夹一样，可以将模型元素分组隐藏，简化 UML 图，使 UML 图更易理解。包图的表示如图 11.33 所示。

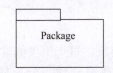

图 11.33　包图的表示

一个包中可以是类的列表，也可以是另一个包图，还可以是一个类图。包之间的关系有依赖和泛化(继承)，其表示方式与类之间的依赖和泛化关系的表示方式相同。

(1)依赖关系：两个包中的任意两个类存在依赖关系，则包之间存在依赖关系。

(2)泛化关系：使用泛化中通用和特例的概念来说明通用包和专用包之间的关系。例如，专用包必须符合通用包的界面，与类泛化关系类似。

包也可以有接口，接口与包之间用实线相连，接口通常由包的一个或多个类实现。

11.4.2 概要设计

概要设计是指设计师根据用户交互过程和用户需求来形成交互框架和视觉框架的过程，其结果通常以反映交互控件布置、界面元素分组以及界面整体版式的页面框架图的形式来呈现。这个阶段在用户研究和设计之间架起了桥梁，使对用户目标和需求的研究与设计无缝结合，将用户目标与需求转换成具体的界面设计解决方案。

概要设计是从总体上把握系统设计框架，主要包括系统架构设计、软件结构设计、接口设计、数据库设计。

概要设计的主要任务是将需求分析得到的系统扩展用例图转换为软件结构和数据结构，具体任务如下。

(1)采用某种设计方法，将一个复杂的系统按功能划分成模块。

(2)确定每个模块的功能。

(3)确定模块之间的调用关系。

(4)确定模块之间的接口，即模块之间传递的信息。

(5)对数据结构和数据库进行描述。

此外，概要设计还包括安全性设计、运维和部署设计等，同时概要设计阶段结束还要编写概要设计文档并进行评审。

1. 系统架构与软件结构设计

系统架构设计在第9章已经介绍，此处不再赘述。系统的软件结构设计主要包括如下内容。

(1)软件层次结构设计。

①表示层设计。这一层主要负责与用户进行交互，显示信息和接收用户输入。在物联网项目中，表示层可能包括Web界面、移动应用界面或其他形式的用户界面，用于展示传感器数据、接收控制指令等。

②业务逻辑层设计。业务逻辑层是软件结构的核心，它处理物联网项目的主要业务规则和逻辑。这包括但不限于传感器数据的处理、分析，控制指令的执行，以及与其他系统的交互等。

③数据访问层设计。该层负责与数据库或其他数据存储系统进行交互，实现数据的存储、检索和更新。在物联网项目中，数据访问层需要高效地处理大量的传感器数据，并确保数据的安全性和一致性。

(2)模块划分与功能定义。

将软件系统划分为若干个功能模块，每个模块负责特定的功能。例如，在物联网项目中，可能有传感器数据采集模块、数据处理与分析模块、数据存储模块、用户交互模块等。

对每个模块的功能进行详细定义，明确模块的输入、输出和处理逻辑。

（3）模块间的接口设计。

定义模块之间的接口，包括函数调用、数据传递和共享内存等方式。

确保接口的一致性、稳定性和可扩展性，以便在未来能够方便地添加新功能或修改现有功能。

（4）数据流与控制流设计。

明确数据在软件系统中的流动路径，包括数据的来源、去向和处理过程。

设计控制流，即软件系统如何响应外部事件和内部状态变化，以及如何在不同模块之间传递控制信息。

（5）性能优化与安全性考虑。

在软件结构设计中考虑性能优化策略，如缓存机制、并行处理等，以提高软件系统的运行效率。

确保软件结构的安全性，通过加密、身份验证等机制保护数据的机密性和完整性。

概要设计完成后，要撰写项目概要设计说明书，可参考如下形式，根据项目的不同，内容可做相应调整。

2. 接口设计

在软件开发过程中，接口设计是一个关键部分。良好的接口设计可以使软件系统易于使用、维护和扩展。接口设计定义了系统与外部组件或模块之间的交互方式。

在接口设计中，UML中的类图和时序图是常用的工具。类图用于表示系统的结构，包括类、接口、关系等，而时序图则用于描述系统的交互过程。

在进行接口设计时，还需要考虑接口的一致性和可扩展性。一致性是指接口的设计应该符合系统的整体架构，遵循统一的设计原则和规范。可扩展性是指接口应该具备一定的灵活性，能够适应系统的变化和扩展。为了确保接口的一致性和可扩展性，可以使用UML中的接口和抽象类来进行设计。

接口设计需要考虑的方面包括接口定义、接口协议、接口参数、接口调用方式、接口安全、接口性能和接口可扩展性。

（1）接口定义。

接口定义是指对软件接口的描述和规范。接口定义应该明确接口的功能、输入和输出参数、异常处理和调用方式等信息。接口定义应该简单明了，易于理解，并且与软件开发的整体架构保持一致。

（2）接口协议。

接口协议是指软件系统之间进行通信的规范和标准。常见的接口协议包括 HTTP、

SOAP 和 MQTT 等。接口协议应该定义通信方式、数据格式、消息结构、请求响应模型等信息。接口协议应该遵循开放、标准化的原则，以便于第三方系统集成和扩展。

（3）接口参数。

接口参数是指软件系统之间进行通信时传递的参数。接口参数应该根据实际需求进行设计，包括必需参数和可选参数。接口参数应该定义参数名称、类型、含义、约束等信息。接口参数应该遵循明确、简洁的原则，以便调用方使用和理解。

（4）接口调用方式。

接口调用方式是指软件系统之间进行通信的方式。常见的接口调用方式包括同步调用和异步调用。同步调用是指调用方等待被调用方返回结果，异步调用则是指调用方不需要等待被调用方返回结果。接口调用方式应该根据实际需求进行选择，同时还要考虑调用的性能和可靠性。

（5）接口安全。

接口安全是指软件系统之间通信时的安全。接口安全设计应该考虑数据的机密性、完整性和可用性等方面。常见的接口安全措施包括加密传输、身份认证、访问控制等。接口安全设计应该遵循最小权限原则，即每个组件只能获取完成其功能所必需的最小权限。

（6）接口性能。

接口性能是指软件系统之间进行通信的效率和响应时间。接口性能设计应该考虑调用次数、响应时间、吞吐量等方面。为了提高接口性能，可以采用缓存技术、负载均衡策略、并发处理等方式。同时，在进行接口设计时，也应该尽量避免出现性能瓶颈，以便后期优化和维护。

（7）接口可扩展性。

接口可扩展性是指软件系统之间的通信能力可以随业务需求的变化而扩展。为了提高接口的可扩展性，可以采用抽象层次结构、模块化设计等方式。同时，在进行接口设计时，也应该考虑到未来业务发展的趋势和技术发展的方向，以便适应未来的变化和升级。

常见的接口设计及规范如下。

（1）RESTful API。REST（Representational State Transfer）是一种基于 HTTP 协议的架构风格，RESTful API 是符合 REST 设计原则的 API。它使用统一资源标识符来表示资源，使用 HTTP 方法（Get、Post、Put、Delete 等）对资源进行操作。RESTful API 的设计风格简洁，易于理解和使用。

（2）URL 结构。统一资源标识符结构应该清晰、语义化，反映资源的层次结构，使用名词来表示资源，使用动词来表示操作。例如，/users 表示获取用户列表，/users/{id} 表示获取指定 id 的用户。

（3）HTTP 方法。在进行接口设计时，应根据操作类型选择合适的 HTTP 方法，常用的方法包括 Get（获取资源）、Post（创建资源）、Put（更新资源）、Delete（删除资源）。遵循 HTTP 方法的语义，可以使接口的操作具有一致性。

（4）参数传递。对于 Get 请求，可以使用查询字符串参数传递数据；对于 Post 和 Put 请求，可以使用请求体中的 JSON 格式或表单数据传递数据。

（5）响应格式。格式使用统一的响应格式（如 JSON 或 XML），包括状态码、错误信息和数据内容，可以使前端方便地处理和解析响应。

（6）错误处理。定义合适的错误码和错误信息，能够使其具有一致性和可读性，通常使用标准的 HTTP 状态码来表示不同类型的错误，如 400（Bad Request）、401（Unauthorized）、404（Not Found）、500（Internal Server Error）等。

例如，在智能家居系统中，用户通过 App 或 Web 端与服务器端通信，查看室内温湿度信息，则客户端访问服务的接口设计如表 11.7 所示。

表 11.7　客户端访问服务的接口设计

名称	温湿度查询	标识	getHumTem	子系统名称	—	系统名称	智能家居系统
接口说明	输入	需要查询的温湿度的日期					
	输出	温湿度查询结果					
功能说明	将室内的温湿度数据按照日期显示						
运行环境说明	用户通过 App 或 Web 端操作，请求服务器端数据						
请求方式及参数	POST｛date｝						
请求 URL	SMARTHOME/API/HUMTEM/GETHTBYDATE						
返回值	温湿度信息 JSON 数据						
调用关系说明	调用模块	无					
	被调用模块	温湿度查询模块					

3. 数据库设计

数据库设计是指根据用户的需求，在某一具体的数据库管理系统上设计数据库的结构和建立数据库的过程。这个过程包括需求分析、概念结构设计、逻辑结构设计、物理结构设计、数据库的实施和数据库的运行和维护等多个步骤。

（1）在需求分析阶段，需要收集用户的需求和数据要求，对数据进行分类和分析，确定数据之间的关系和存储方式。

（2）在概念结构设计阶段，需要将需求转化为概念模型，通常使用实体-关系（Entity-Relationship，E-R）图来表示。

（3）在逻辑结构设计阶段，需要将概念模型转化为逻辑模型，包括确定数据库的结构、数据类型、数据表之间的关系等。

（4）在物理结构设计阶段，需要考虑数据的存储方式、访问控制、备份恢复等问题。

（5）在数据库的实施阶段，需要将设计转化为实际的数据库系统，包括创建数据库、创建表、定义索引等操作。

（6）在数据库的运行和维护阶段，需要对数据库进行监控、维护和优化，确保数据库的稳定和性能。

在数据库设计过程中，还需要遵循一些设计原则，如一对一设计、独特命名、双向使用等。基于这些原则进行设计，可以减少数据冗余、维护数据一致性、保持关键字之间存在必然相对应联系等。

下面主要针对数据库的概念结构设计和逻辑结构设计进行介绍。

（1）概念结构设计。

E-R 图提供了表示实体类型、属性和联系的方法，用来描述现实世界的概念模型。构成 E-R 图的 3 个基本要素是实体、属性和联系。

1）实体。一般认为客观上可以相互区分的事物就是实体，实体可以是具体的人和物，也可以是抽象的概念与联系。一个实体能与另一个实体相互区别，关键在于具有相同属性的实体具有相同的特征和性质。可以用实体名及其属性名集合来抽象和刻画同类实体。实体在 E-R 图中用矩形表示。

2）属性。实体所具有的某一特性就是属性，一个实体可由若干个属性来刻画。属性不能脱离实体存在，属性是相对实体而言的。属性在 E-R 图中用椭圆形表示，并用无向边将其与相应的实体连接起来。

3）联系。联系也称关系，在信息世界中反映实体内部或实体之间的关联。实体内部的联系通常是指组成实体的各属性之间的联系，实体之间的联系通常是指不同实体集之间的联系。联系在 E-R 图中用菱形表示，菱形框内写明联系名，并用无向边分别与有关实体连接起来，同时在无向边旁标上联系的约束类型。

实体和联系之间存在 3 种一般性约束：一对一联系（$1:1$）、一对多联系（$1:n$）和多对多联系（$m:n$），它们用来描述实体集之间的数量约束。

对于两个实体集 A 和 B，若 A 中的每一个值在 B 中至多有一个实体值与之对应，反之亦然，则称实体集 A 和 B 具有一对一联系。

对于两个实体集 A 和 B，若 A 中的每一个值在 B 中有多个实体值与之对应，而 B 中每一个实体值在 A 中至多有一个实体值与之对应，则称实体集 A 和 B 具有一对多联系。

对于两个实体集 A 和 B，若 A 中每一个实体值在 B 中有多个实体值与之对应，反之亦然，则称实体集 A 和 B 具有多对多联系。

例如，智能家居系统中的 E-R 图如图 11.34 所示。

需要说明的是，产品经理绘制图形的主要目的是说明清楚设计思路，这些图形可能给技术人员看，也可能给业务人员看。在实际工作中，产品经理应该尽量使用简单的方式进行说明，让别人理解自己的设计和意图。

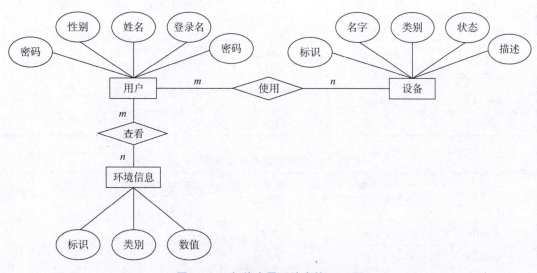

图 11.34　智能家居系统中的 E-R 图

（2）逻辑结构设计。

逻辑结构设计是将概念结构设计阶段完成的概念模型转换成能被选定的数据库管理系统支持的数据模型，这里主要将 E-R 模型转换为关系模式。在进行逻辑结构设计时，需要具体说明把原始数据进行分解、合并后重新组织起来的数据库全局逻辑结构，包括所确定的关键字和属性、重新确定的记录结构和文件结构、所建立的各个文件之间的相互关系，这些内容形成本数据库的数据库管理员视图。

数据库从概念模型转换为逻辑模型的过程通常包括以下步骤。

1）确定概念模型中的实体。根据概念模型中的实体，确定逻辑模型中的表和表的名称。

2）确定实体之间的关系。根据概念模型中实体之间的关系，确定逻辑模型中表与表之间的关联关系。

3）确定实体的属性。根据概念模型中实体的属性，确定逻辑模型中表的列和列的数据类型。

4）确定主码和外码。根据概念模型中实体的主码和外码，确定逻辑模型中表的主码和外码。

5）确定约束条件。根据概念模型中的约束条件，确定逻辑模型中的约束条件。

例如，智能家居系统中的数据库用户的逻辑结构设计如表 11.8 所示，设备的逻辑结构设计如表 11.9 所示，环境信息的逻辑结构设计如表 11.10 所示。

表 11.8　数据库用户的逻辑结构设计

字段名	字段类型	长度	主码/外码	约束
userID	varchar	20	P/F	
userName	varchar	16		
sex	int	1		
loginName	varchar	20		
password	varchar	20		

表 11.9　设备的逻辑结构设计

字段名	字段类型	长度	主码/外码	约束
userID	varchar	20	F	
devId	varchar	50	P	
devName	varchar	50		
describe	varchar	200		
category	varchar	50		

表 11.10　环境信息的逻辑结构设计

字段名	字段类型	长度	主码/外码	约束
ID	int		P	
userID	varchar	20	F	
category	varchar	50		
value	varchar	50		

11.4.3　详细设计

详细设计是在概要设计的基础上进一步细化系统结构，展示软件结构的图标，数据库物理设计、数据结构设计及算法设计，详细介绍系统各个模块是如何实现的，包括涉及的算法和逻辑流程等。

详细设计阶段中的数据库物理设计是将概念结构设计的结果进一步转化为具体的逻辑模型，实现数据库功能的基础。数据库逻辑结构设计是按照数据库的特点以及用户的要求，将数据库中的数据以及数据之间的关系组织起来，从而构成一个完整的数据库系统。

详细设计过程的数据结构及算法设计可以采用结构化或面向对象的设计方式。结构化的程序设计方式包括以下几种。

1. 程序流程图

程序流程图是一种用于描述程序执行流程的图表，它可以清晰地展示程序中各个步骤的顺序和相互关系，帮助设计人员理解和描述程序的执行流程。通过使用流程图，设计人员可以更直观地了解程序的逻辑结构和执行流程，从而提高程序的可读性和可维护性。

2. PAD 图

PAD(Problem Analysis Diagram，问题分析图)是一种用于描述程序设计的图表。PAD可以清晰地展示程序的逻辑结构，包括程序的输入、输出和处理过程，这有助于设计人员更好地理解程序的运行方式和功能。

3. 面向对象的分析

利用面向对象的分析方式，在详细设计阶段可以采用 UML 的活动图来描述每一个功能的实现过程，通过顺序图描述各对象间功能的交互，给出系统的详细业务类图和实现类图。

在完成系统详细设计后，撰写软件详细设计说明书，一个可行的软件详细设计说明书如下，具体应用时可视项目内容进行调整。

×××物联网工程项目软件详细设计说明书

第 1 章　引言
　　1.1　编写目的
　　1.2　项目背景
　　1.3　预期读者
第 2 章　设计概述
　　2.1　设计目标
　　2.2　设计原则
　　2.3　设计约束
第 3 章　系统架构设计
　　3.1　整体架构图及说明
　　3.2　各组件功能描述
　　3.3　架构可扩展性与灵活性分析
第 4 章　模块详细设计
　　4.1　数据采集模块详细设计

11.5　软件编码与实现

软件开发最终要实现的目标是软件编码(也称软件编程),编码阶段是软件生存周期的实现阶段。

11.5.1　软件实现

软件实现的任务主要包括以下几点。

(1)程序设计语言的选择。根据软件系统的特点和设计方案,选择一种或多种程序设计语言作为编码实现的工具。

(2)集成开发环境的选择。集成开发环境是用来帮助程序设计者组织、编译、调试程序的开发工具软件。

(3)程序实现算法的设计。针对要实现特定功能的程序模块,设计其实现所需的数据结构和算法。

(4)程序编码实现。明确了上述任务之后,在集成开发环境中使用该程序设计语言,按照设计好的算法和数据结构将程序实现,并通过集成环境进行调试,发现并改正错误,完成程序编码工作,输出正确的可执行程序。

11.5.2　编程语言选择

所谓编码,是把详细设计的算法翻译成计算机上可执行的语言,翻译员就是程序员。因此,程序的质量主要取决于软件设计的质量。程序设计语言的特性和编码途径会对程序的可靠性、可读性、可测试性和可维护性产生较大影响。

常见的软件编程语言如下。

1. Java

(1)特点:平台无关性,即"一次编写,到处运行";具有丰富的 API 和强大的 Web 开发能力;具有稳健的安全模型;支持多线程等。

(2)主要应用领域包括企业级应用开发、Web 开发、移动应用开发(特别是 Android 应用)、大数据处理、科学计算等。

2. Python

(1)特点:语法简单明了,易于学习;高级语言,易于快速开发;支持丰富的库和框架,如科学计算、数据分析、人工智能、Web 开发等;具有动态类型系统;是解释型语言等。

(2)主要应用领域包括数据科学、人工智能、机器学习、Web 开发、自动化脚本以及科学计算等。

3. C++

(1)特点:静态类型、编译型语言,运行效率高;支持多种编程范式,如过程化编程、面向对象编程和泛型编程;提供底层访问权限,可以直接操作硬件等。

(2)主要应用领域包括系统级编程(如操作系统、驱动程序等)、游戏开发、嵌入式开发、图形图像处理、实时系统等。

4. JavaScript

（1）特点：是动态类型的解释型语言；主要用于实现网页交互效果；支持丰富的框架和库，如 React、Angular、Vue 等。

（2）主要应用领域包括 Web 前端开发、Web 后端开发（如 MEAN 栈：MongoDB、Express. js、Angular. js 和 Node. js）、移动应用开发（如 React Native、ionic）等。

5. Swift

（1）特点：语法清晰简洁，易于学习；提供强大的性能优化和安全保障功能；与现代编程概念相结合，如类型推断、选项类型等。

（2）主要应用领域包括 iOS 和 macOS 应用开发、服务器端开发（如 Vapor 框架）等。

6. PHP

（1）特点：主要用于编写服务器端脚本；易于学习和使用；支持广泛的数据库；支持丰富的框架和库，如 Laravel、Symfony 等。

（2）主要应用领域包括 Web 开发（特别是动态网站开发）、内容管理系统（CMS）、Web 服务等。

7. Go

（1）特点：是静态类型的编译型语言；语法简单清晰；并发模型强大，适用于网络编程和多线程应用；内存安全等。

（2）主要应用领域包括网络编程、云计算、微服务架构、大数据处理等。

在物联网工程项目的开发过程中，代码和测试脚本的文档目录结构通常会根据项目的复杂性和团队的偏好而有所不同。一个可能的代码和测试脚本文件目录结构如下。

×××物联网工程项目代码和单元测试脚本文件

1. 程序源代码

（1）通用模块或库。

（2）数据采集模块。

（3）数据处理模块。

（4）数据存储模块。

（5）通信模块。

（6）用户界面模块。

（7）主程序入口。

2. 单元测试脚本

（1）数据采集模块测试。

（2）数据处理模块测试。

（3）数据存储模块测试。

（4）通信模块测试。

（5）用户界面模块测试。

（6）通用功能测试。

3. 依赖包列表

11.6 软件测试

软件测试是使用人工操作（手动测试）或者软件自动运行的方式（自动化测试）来检验软件是否满足用户需求的过程。它用于识别开发完成（中间或最终的版本）的计算机软件（整体或部分）的正确度（Correctness）、完全度（Completeness）和质量（Quality），是 SQA（Software Quality Assurance），软件质量保证的重要子域。

11.6.1 软件测试目的

测试的定义：为了发现程序中的错误而执行程序的过程。应该认识到，测试绝不能证明程序是正确的，即使经过了最严格的测试之后，可能仍然还有没被发现的错误潜藏在程序中。

程序测试是证明程序正确地执行了预期的功能。实际上，一个程序只需要完成它所需完成的功能，不需要完成它不该完成的功能。

软件测试的目的主要是发现软件中的错误，确保软件的质量和可靠性。通过软件测试，可以尽可能多地找出软件中的错误，提高软件的质量和用户满意度。同时，软件测试还可以帮助改进软件的设计和开发过程，提高软件开发的效率和质量。

软件测试一般包括以下内容。

（1）功能测试。通过测试软件的各种功能，确保它们符合用户需求和设计要求。

（2）性能测试。测试软件的性能，包括响应时间、吞吐量、资源利用率等，确保软件在各种负载下的性能表现。

（3）兼容性测试。测试软件在不同操作系统、浏览器、设备等平台上的兼容性，确保软件在各种环境下都能正常运行。

（4）安全性测试。测试软件的安全性，包括数据加密、身份验证、访问控制等，确保软件在安全方面的表现。

（5）可用性测试。测试软件的易用性和用户体验，包括界面设计、操作流程、交互效果等，确保软件易于使用且对用户友好。

11.6.2 软件测试的原则

软件测试应遵循以下原则。

（1）测试应基于用户需求。所有的测试标准应建立在满足用户需求的基础上，从用户角度来看，最严重的错误是那些导致程序无法满足需求的错误。

（2）做好软件测试计划。软件测试是有组织、有计划、有步骤的活动，因此测试必须有组织有计划，并且要严格执行测试计划，避免测试的随意性。

（3）程序员应避免测试自己编写的程序。程序员通常对自己的代码过于自信，很难发现自己的错误，因此需要避免测试自己编码的程序。

（4）编写软件的组织不应测试自己编写的软件。编写软件的组织通常会对软件的功能和需求有深入的了解，因此很难以客观的态度进行测试。

（5）应彻底检查每个测试的执行结果。只有彻底检查每个测试的执行结果，才能确保测试的准确性和完整性。

（6）测试用例的编写不仅应当考虑有效和预料到的输入情况，而且应当考虑无效和未预料到的输入情况。除了考虑正常的输入情况，还需要考虑异常和边界条件等无效输入情况，以便更好地发现错误。

（7）检查程序是否"未做其应该做的"仅是测试的一半，测试的另一半是检查程序是否"做了其不应该做的"。除了检查程序是否实现了预期的功能，还需要检查程序是否出现了不应该有的行为。

（8）应避免测试用例用后即弃。测试用例是软件测试的重要资产，应该对软件持续维护和更新，而不是只使用一次就弃之不用。

（9）计划测试工作时，不应默许假定不会发现错误。在制订测试计划时，应该充分考虑可能会发现错误的情况，并制订相应的测试策略。

（10）程序某部分存在更多错误的可能性，与该部分已发现错误的数量成正比。如果一个程序的某个部分已经发现了很多错误，那么这个部分很可能还有更多的错误。因此，需要加强对这个部分的测试和检查。

除了以上原则之外，戴维斯（Davis）还提出了一组指导软件测试的基本原则。

（1）所有的测试都应可追溯到用户需求。

（2）应在测试工作开始前的较长时间就进行测试计划。

（3）Pareto（帕累托）原则：测试中发现的80%的错误可能来自20%的程序代码。

（4）测试应从"小规模"开始，逐步转向"大规模"。

（5）穷举测试是不可能的。

（6）为达到最有效的测试，应由独立的第三方来承担测试。

在测试过程中应遵循合理的原则，制订好测试计划，选择合理的测试方法，以满足用户的需求。

11.6.3 软件测试策略

软件测试策略包括单元测试、集成测试、系统测试、α测试、β测试、验收测试和确认测试。测试的先后顺序如图11.35所示，其所对应的开发阶段如图11.36所示。

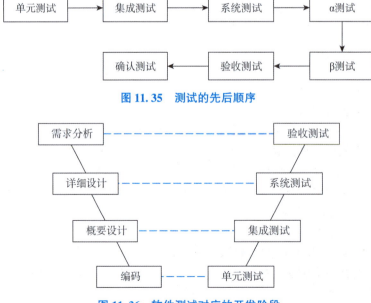

图11.35 测试的先后顺序

图11.36 软件测试对应的开发阶段

1. 单元测试

单元测试也称为模块测试，是针对每个模块进行的测试，可从程序的内部结构出发设计测试用例，多个模块可以平行地进行测试。

进行单元测试时，应根据设计描述，对重要的控制路径进行测试，以发现构件或模块内部的错误。单元测试通常采用白盒测试，包括以下内容。

（1）模块接口测试。

（2）模块局部数据结构测试。

（3）模块边界条件测试。

（4）模块中所有独立执行通路测试。

（5）模块的各条错误处理通路测试。

由于模块本身不是一个独立的程序，因此在测试模块时，必须为每个被测模块开发一个驱动（Driver）程序和若干个桩（Stub）模块。单元测试框架如图11.37所示。

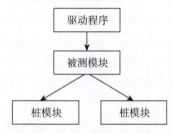

图 11.37　单元测试框架

驱动程序接收测试数据，调用被测模块，把测试数据传输给被测模块，被测模块执行后，驱动程序接收被测模块的返回数据，并打印相关结果。

驱动程序的程序结构如下。

```
数据说明；
初始化；
输入测试数据；
调用被测模块；
输出测试结果；
停止
```

桩模块的功能是替代被测模块调用的模块，它接受被测模块的调用，验证入口信息，把控制连同模拟结果返回被测模块。

桩模块的程序结构如下。

```
数据说明；
初始化；
输出提示信息（表示进入了哪个桩模块）；
验证调用参数；
打印验证结果；
将模拟结果送回被测程序；
返回
```

2. 集成测试

集成测试也叫组装测试、联合测试、子系统测试或部件测试。集成测试是在单元测试的基础上，将所有模块按照设计要求组装成子系统或系统。

经过单元测试后，每个模块都能独立工作，但把它们放在一起能不能正常工作则需要经过集成测试。集成测试将所有模块按照设计要求组装成系统，经过了精心计划。集成测试过程应提交集成测试计划、集成测试规格说明和集成测试分析报告。

在进行集成测试时，需要关注以下几个方面。

（1）数据可能在通过接口时丢失。

（2）一个模块可能对另一个模块产生非故意的、有害的影响。

（3）当子功能被组合起来时，可能无法达到期望的主功能。

（4）单个模块可以接受的不精确性，连接起来后可能会扩大到无法接受的程度。

（5）全局数据结构可能会存在问题。

在进行集成测试时，主要采用以下两种方式。

（1）非增量式集成：先将所有经过单元测试的模块组合在一起，然后对整个程序（作为一个整体）进行测试。这种测试在发现错误时，很难将错误定位。

（2）增量式集成：根据程序结构图，按某种次序挑选一个（或一组）尚未测试过的模块，把它集成到已测试好的模块中一起进行测试，每次增加一个（或一组）模块，直至所有模块全部集成到程序中为止。在增量集成测试过程中发现的错误，往往与新加入的模块有关。增量式集成又可分为自顶向下集成和自底向上集成。

1）自顶向下集成：从主控模块（主程序）开始，按照程序结构图的控制层次，将直接或间接从属于主控模块的模块按深度优先或广度优先的方式逐个集成到整个结构中，并对其进行测试。

①自顶向下集成的优点：不需要驱动模块，能尽早对程序的主要控制和决策机制进行检验，较早发现整体性的错误。深度优先的自顶向下集成能较早对某些完整的程序功能进行验证。

②自顶向下集成的缺点：测试时底层模块用桩模块替代，不能反映真实情况；重要数据不能及时回送到上层模块。

图 11.38 所示为自顶向下的集成方式。其采用深度优先集成的顺序为 M_1、M_2、M_5、M_8、M_6、M_3、M_7、M_4；采用广度优先集成的顺序为：M_1、M_2、M_3、M_4、M_5、M_6、M_7、M_8。

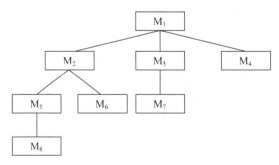

图 11.38　自顶向下的集成方式

2）自底向上集成：从程序结构的最底层模块（即原子模块）开始，然后按照程序结构图的控制层次将上层模块集成到整个结构中，并对其进行测试。自底向上集成在测试一个模块时，它的下层模块（已测试过）可用作它的桩模块。自底向上集成的步骤如下。

①将底层模块组合成能实现软件特定功能的簇。

②为每个簇编写驱动程序，并对簇进行测试。

③移走驱动程序，用簇的直接上层模块替换驱动程序，然后沿着程序结构的层次向上组合新的簇。

④凡对新的簇测试后，都要进行回归测试，以保证没有引入新的错误。

⑤重复第②步至第④步，直至所有的模块都被集成为止。

自底向上集成的优点是不需要桩模块，所以容易组织测试；将整个程序结构分解成若干个簇，对同一层次的簇可并行进行测试，可提高效率。自底向上集成的缺点是对于整体性的错误发现得较晚。

在集成测试过程中，每当增加一个新模块时，原先已集成的软件就发生了改变。新的数据流路径被建立时，新的 I/O（输入/输出）操作可能出现，还可能激活新的控制逻辑，这些改变可能使原本正常的功能产生错误。

在测试时发现错误后，需要修改程序。在软件维护时，也需要修改程序。这些对程序的修改也可能使原本正常的功能产生错误，这时就需要用到回归测试。所谓回归测试，是指对已进行过测试的子集的重新执行，以确保对程序的改变和修改没有传播非故意的副作用。

图 11.39 所示是一个自底向上集成的案例。

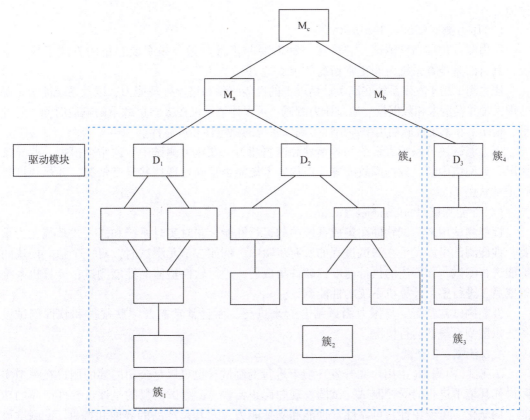

图 11.39　自底向上集成的案例

3. 系统测试

系统测试是将软件放在整个计算机环境下，包括软硬件平台、某些支持软件、数据和人员等，在实际运行环境下进行一系列的测试。

系统测试的种类很多，每种测试都有不同的目的，它们从不同的角度测试计算机系统是否被正常地集成，并完成相应的功能。

常用的系统测试包括以下几种。

(1)恢复测试(Recovery Testing)。

恢复测试是通过各种手段，强制软件发生故障，从而测试一个系统如遇到系统崩溃、硬件损坏或其他灾难性问题，能否从灾难中恢复。它主要检查系统的容错能力，测试当系统出错时，能否在指定时间间隔内修正错误并重新启动系统。

如果恢复是由系统自身来完成的，那么需验证重新初始化、检查点机制、数据恢复和重启动等的正确性。如果恢复需要人工干预，那么要估算平均修复时间MTTR(Mean Time to Repair)是否在用户可以接受的范围内。

(2)安全测试(Security Testing)。

安全测试用来验证集成在系统中的保护机制能否保护系统不被非法侵入。在安全测试过程中，测试者扮演一个试图攻击系统的角色，采用各种方式攻击系统，包括截取或破译密码、借助特殊软件攻击系统、故意导致系统失效、企图在系统恢复之际侵入系统等。

一般来说，只要有足够的时间和资源，好的安全测试最终一定能侵入系统。系统设计者的任务是把系统设计得尽量安全，使攻破系统所付出的代价大于攻破系统后得到信息的价值。

(3)压力测试(Stress Testing)。

压力测试也称强度测试，它是在一种需要非正常数量、频率或容量的方式下执行系统，其目的是检查系统对非正常情况的承受能力。

压力测试用于发现系统在高负载情况下的性能瓶颈和错误处理能力，以及系统能否正确处理大量并发请求和数据量。通过压力测试，可以评估系统在极限负载下的响应时间、吞吐量、错误率和系统资源利用率等指标，确保系统的稳定性和可靠性。

压力测试还可以检查系统的容错性和恢复能力。在压力测试中，通常会模拟一些异常情况，如网络中断、数据库故障等，以检验系统能否正确处理这些异常情况，并尽快恢复到正常状态。

(4)性能测试(Performance Testing)。

性能测试用来测试软件在集成系统中的运行性能，它对实时系统和嵌入式系统尤为重要。性能测试可以发生在测试过程的所有步骤中。例如在单元测试时，对一个独立模块的性能进行测试，如算法的执行速度；软件集成后，进行软件整体的性能测试；计算机系统集成后，进行整个计算机系统的性能测试。

性能测试常常需要与压力测试结合起来进行，而且常常需要一些硬件和软件测试设备，以监测系统的运行情况。

4. α测试、β测试

α测试(内测)是由用户在开发环境下进行的测试，也可以是公司内部的用户在模拟实际操作环境下进行的受控测试，试图发现并修正错误。α测试的目的是评价软件产品的功能、局域化、可使用性、可靠性、性能和支持能力，尤其是产品的界面和特色。α测试可以从软件产品编码结束时开始，或在模块(子系统)测试完成后开始，也可以在确认测试过程中产品达到一定的稳定和可靠程度后再开始。测试的关键在于尽可能逼真地模拟实际运行环境和用户对软件产品的操作，并尽最大努力涵盖所有可能的用户操作方式。

β 测试(公测)是一种验收测试。β 测试由软件的最终用户在一个或多个场所进行,开发者通常不在 β 测试的现场,因此 β 测试是软件在开发者不能控制的环境中的真实应用。

5. 验收测试

验收测试是在软件开发完成后的一种测试方式。测试的目标是检查软件是否达到了预先确定的标准,是否符合用户需要的功能和质量要求。验收测试通常由测试团队或质量保证人员进行,测试的内容包括各个功能模块的正确性、性能、安全性、易用性和兼容性等。

6. 确认测试

确认测试也称为用户验收测试,是软件发布前的一种测试,测试的目标是验证软件是否符合用户的需求。确认测试通常由用户进行,测试的内容主要是业务流程和逻辑的完整性、正确性、易用性,以及用户接口等。

11.6.4　软件测试方法

软件测试方法分为静态测试方法和动态测试方法。

1. 静态分析方法

静态测试方法指以人工的、非形式化的方法对程序进行分析和测试,主要形式为审查、评审和走查。

(1)审查。

审查是由一些经过严格训练的人员根据评估标准,对开发过程中的产品或中间制品进行检查,发现其中存在的错误。

审查一般是按规定程序和时间计划进行的,参与者来自开发人员、测试人员、质量保证人员或用户,以 3~7 人组成小组。审查过程包括计划、会议准备、会议召开、修改错误、问题跟踪等环节,目的是获得项目管理和质量评估的数据,并改进审查过程本身。

(2)评审。

评审是由若干开发人员、项目经理、测试人员、用户或相关领域专家等组成一个会审小组,通过阅读、讨论和争议,对产品进行静态分析。不仅可以对代码进行评审,还可以对需求和设计进行评审。

评审小组负责人先把需求规格说明、设计说明或程序代码及有关要求、规范等分发给小组成员,以此作为评审依据,在充分阅读有关材料后,召开评审会议,主要开发人员对软件进行讲解,其他成员提出问题并展开讨论,审查是否存在错误,最后由评审小组形成产品评审的书面报告。

(3)走查。

走查是由设计人员或编程人员组成一个走查小组,通过阅读一段文件或代码,并针对软件进行提问和讨论,从而发现可能存在的缺陷、遗漏和矛盾的地方。

走查过程与评审过程类似,即先把材料分发给走查小组的每个成员,让他们认真研究程序,然后开会。走查与评审也存在区别:评审通常是简单地读程序或对照错误检查表进行检查;走查则是按照所提交的测试用例,人工模仿计算机运行一遍,并记录跟踪情况。

2. 动态测试方法

动态测试与静态测试对应,它通过运行被测试程序,对得到的运行结果与预期的结果进行比较分析,同时分析运行效率和健壮性能等。这种方法可以简单分为 3 个步骤:构造测试实例、执行程序以及分析结果。

动态测试一般分为白盒测试和黑盒测试。

11.6.5 白盒测试

白盒测试(又称结构测试)把测试对象看作一个透明的盒子,测试人员根据程序内部的逻辑结构及有关信息设计测试用例,检查程序中所有逻辑路径是否都按预定的要求正确工作。白盒测试主要用于对模块的测试。

白盒测试方法有逻辑覆盖测试、基本路径测试、数据流测试和循环测试,其中前两者较常用,着重进行介绍。

1. 逻辑覆盖测试

逻辑覆盖测试主要考察程序对逻辑的覆盖程度,通常希望选择最少的测试用例来满足所需的覆盖标准,主要的覆盖标准有语句覆盖、判定覆盖、条件覆盖、判定-条件覆盖、条件组合覆盖、路径覆盖。

例如,对以下程序进行测试。

```
public float divdTest(int A,int B,float X){
    if((A>1)&&(B==0))
        X=X/A;
    if((A==2)||(X>1))
        X=X+1
    return X;
}
```

该程序接受 A、B、X 的值,并将计算结果返回调用程序,其流程图如图 11.40 所示。图中,a、b、c、d、e、f、s、t 为各程序段。

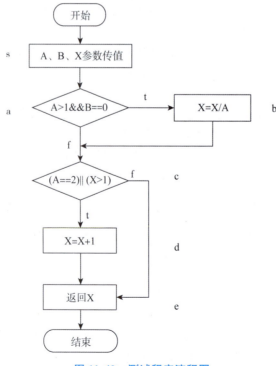

图 11.40　测试程序流程图

图 11.40 可以用图 11.41 来简化表示。图中,s、a、b、c、d、e 表示程序执行的各程序段。

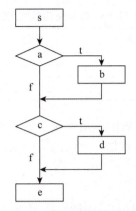

图 11.41　简化后的流程图

针对该程序，分别采用以上逻辑覆盖判断的过程如下。

(1)语句覆盖。

语句覆盖是指选择足够的测试用例，使得运行这些测试用例时，被测程序的每个可执行语句都至少执行一次。对于图中的每个程序段，要使每个语句都执行一次，只需执行路径 L1(s→a→b→c→d→e)即可，此时测试用例(不唯一)如表 11.11 所示。

表 11.11　语句覆盖测试用例

测试数据	预期结果
x=4，A=2，B=0	x=3

在语句覆盖中，虽然能保证每个语句都执行一次，但不能保证每个判断都执行一次。

(2)判定覆盖。

判定覆盖(也称分支覆盖)是指选择足够的测试用例，使得运行这些测试用例时，被测程序的每个判定的所有可能结果都至少执行一次(即判定的每个分支都至少经过一次)。判定覆盖将每个判定的所有可能结果都至少执行一次，所以程序中的所有语句也都至少执行一次。因此，满足判定覆盖标准的测试用例，也一定满足语句覆盖标准。

在上面的案例中，要使每个分支都执行一次，只需执行路径 L3(s→a→c→d→e)和 L4(s→a→b→c→e)即可，或者执行路径 L1(s→a→b→c→d→e)和 L2(s→a→c→e)。此时，测试用例如表 11.12 所示。

表 11.12　判定覆盖测试用例

测试数据	预期结果	路径	a 取值	c 取值
x=1，A=2，B=1	x=2	s→a→c→d→e	f	t
x=3，A=3，B=0	x=1	s→a→b→c→e	t	f

(3)条件覆盖。

条件覆盖是指选择足够的测试用例，使得运行这些测试用例时，被测程序中每个判定中的每个条件的所有可能结果都至少出现一次。

在上述案例中，判定 a 中各种条件的所有可能结果为：A>1，A≤1，B=0，B≠0；判定 c 中各种条件的所有可能结果为：A=2，A≠2，x>1，x≤1。因此，设计用例满足上述判定，测试用例如表 11.13 所示。

表 11. 13　条件覆盖测试用例

测试数据	预期结果	路径	覆盖的条件
$x=1$，$A=2$，$B=0$	$x=1.5$	s→a→b→c→d→e	A>1，B=0，A=2，x=1
$x=2$，$A=1$，$B=1$	$x=3$	s→a→c→d→e	A≤1，B≠0，A≠2，x>1

条件覆盖通常比判定覆盖强。有时，虽然每个条件的所有可能结果都出现过，但判定表达式的某些可能结果并未出现。例如，上面两个测试用例满足条件覆盖标准，但判定 c 为假的结果并未出现。

（4）判定/条件覆盖。

判定/条件覆盖是指选择足够的测试用例，使得运行这些测试用例时，被测程序的每个判定的所有可能结果都至少执行一次，并且每个判定中的每个条件的所有可能结果都至少出现一次。

显然，满足判定/条件覆盖标准的测试用例一定也满足判定覆盖、条件覆盖、语句覆盖标准。

在上述案例中，满足判定/条件覆盖的测试用例如表 11.14 所示。

表 11. 14　判定/条件覆盖测试用例

测试数据	预期结果	路径	a 取值	c 取值	覆盖的条件
$x=4$，$A=2$，$B=0$	$x=3$	s→a→b→c→d→e	t	t	A>1，B=0，A=2，x=4
$x=1$，$A=1$，$B=1$	$x=1$	s→a→c→e	f	f	A≤1，B≠0，A≠2，x≤1

（5）条件组合覆盖。

条件组合覆盖是指选择足够的测试用例，使得运行这些测试用例时，被测程序的每个判定中条件的结果的所有可能组合都至少出现一次。

显然，满足条件组合覆盖标准的测试用例一定也满足判定覆盖、条件覆盖、判定/条件覆盖、语句覆盖标准。

在上述案例中，判定 a 中条件结果的所有可能组合包括：A>1，B=0；A>1，B≠0；A≤1，B=0；A≤1，B≠0。

判定 c 中条件结果的所有可能组合包括：A=2，x>1；A=2，x≤1；A≠2，x>1；A≠2，x≤1。

满足判定条件覆盖的测试用例如表 11.15 所示。

表 11. 15　判定/条件覆盖测试用例

测试数据	预期结果	路径	a 取值	c 取值	覆盖的条件
$x=4$，$A=2$，$B=0$	$x=3$	s→a→b→c→d→e	t	t	A>1，B=0；A=2，x=4
$x=1$，$A=2$，$B=1$	$x=2$	s→a→c→d→e	f	t	A>1，B≠0；A=2，x≤1
$x=2$，$A=1$，$B=0$	$x=3$	s→a→c→d→e	f	t	A≤1，B=0；A≠2，x>1
$x=1$，$A=1$，$B=1$	$x=1$	s→a→c→e	f	f	A≤1，B≠0；A≠2，x≤1

条件组合覆盖是上述 5 种覆盖标准中最强的一种，但条件组合覆盖仍不能保证程序中所有可能的路径都被覆盖。本例中，满足条件组合覆盖标准的测试用例就没有经过路径 s→a→b→c→e。

（6）路径覆盖。

路径覆盖是指选择足够的测试用例，使得运行这些测试用例时，被测程序的每条可能执行到的路径都至少经过一次。如果程序中包含环路，则要求每条环路至少经过一次。

本例中，所有可能执行的路径如下。

1）L1（s→a→b→c→d→e，a 为 t 且 c 为 t）。

2）L2（s→a→c→e，a 为 f 且 c 为 f）。

3）L3（s→a→c→d→e，a 为 f 且 c 为 t）。

4）L4（s→a→b→c→e，a 为 t 且 c 为 f）。

满足路径覆盖的测试用例如表 11.16 所示。

表 11.16　路径覆盖测试用例

测试数据	预期结果	路径	a 取值	c 取值
x=4，A=2，B=0	x=3	s→a→b→c→d→e	t	t
x=3，A=3，B=0	x=1	s→a→b→c→e	t	f
x=2，A=1，B=0	x=3	s→a→c→d→e	f	t
x=1，A=1，B=1	x=1	s→a→c→e	f	f

路径覆盖实际上考虑了程序中各种判定结果的所有可能组合，但它未必能覆盖判定中条件的结果的各种可能情况。因此，它是一种比较强的覆盖标准，但不能替代条件覆盖和条件组合覆盖标准。

2. 基本路径测试

在实际问题中，一个不太复杂的程序，特别是包含循环的程序，其路径数可能非常多，测试常常难以做到覆盖程序中的所有路径，因此需要把测试的程序路径数压缩到一定的范围内。

基本路径测试是一种白盒测试，这种方法首先根据程序或设计图画出程序控制流图，并计算其区域数，然后确定一组独立的程序执行路径（称为基本路径），最后为每一条基本路径设计一个测试用例。

程序的控制流图（也称为程序流图、程序图）由节点和边组成，分别用圆和箭头表示。设计图中一个连续的处理框（对应于程序中的顺序语句）序列和一个判定框（对应于程序中的条件控制语句）映射成流图中的一个节点，设计图中的箭头（对应于程序中的控制转向）映射成流图中的一条边，设计图中多个箭头的交汇点可以映射成流图中的一个节点（空节点）。

程序流图中的控制流程图的表示如图 11.42 所示。

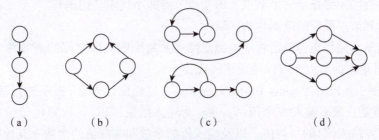

图 11.42　控制流程图的表示

（a）顺序结构；（b）IF 选择结构；（c）While 循环结构和 Until 循环结构；（d）Case 多分支结构

上述映射的前提是设计图中的判定不包含复合条件。如果设计图的判定中包含复合条件，那么必须先将其转换成等价的简单条件设计图。例如，含复合条件的设计图 11.43 (a)可以先转换为只含简单条件的设计图 11.43(b)，然后可被表示成图 11.43(c)对应的流图。

把流图中由节点和边组成的闭合部分称为一个区域(Region)，在计算区域数时，图的外部部分也作为一个区域。例如，图 11.43 中(c)所示的流图的区域数为 3。

独立路径是指程序中至少引进一个新的处理语句序列或一个新条件的任一路径。在流图中，独立路径至少包含一条在定义该路径之前未曾用到过的边。在进行基本路径测试时，独立路径的数目就是流图的区域数。

通过程序流图确定独立路径的步骤如下。

(1)根据程序设计结果导出程序流程图的控制流图。

(2)流程图用来描述程序控制结构。可将流程图映射到一个相应的流图(对于菱形框内的复合条件，要拆分成单一条件)。

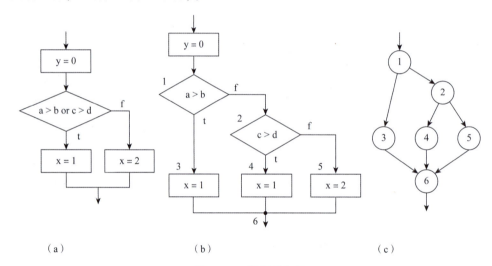

图 11.43　控制流程图

(a)含复合条件的设计图；(b)只含简单条件的设计图；(c)对应的流图

(3)在流图中，每一个圆称为流图的节点，代表一个或多个语句，一个处理方框序列和一个菱形决策框可被映射为一个节点。流图中的箭头称为边或连接，代表控制流，类似于流程图中的箭头。

(4)一条边必须终止于一个节点，即使该节点并不代表任何语句。

(5)由边和节点限定的范围称为区域。

(6)导出基本路径集，确定程序的独立路径。每个圈与圈之间的连线便是一个独立路径，对于单进单出的节点，可以使用连线代替。

例如，对一个 PDL(Process Design Language，过程设计语言)程序进行基本路径测试，该程序的功能是：最多输入 N 个值(以-999 为输入结束标志)，计算位于给定范围内的那些值(称为有效输入值)的平均值，以及输入值的个数和有效值的个数。其控制流程图如图 11.44 所示。

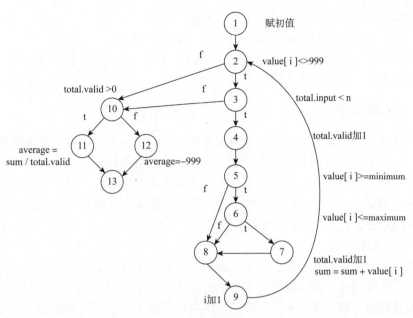

图 11.44　PDL 程序控制流程图

可以看出，其区域数为 6，选取独立路径如下。

路径 1：1→2→10→11→13。

路径 2：1→2→10→12→13。

路径 3：1→2→3→10→11→13。

路径 4：1→2→3→4→5→8→9→2→10→12→13。

路径 5：1→2→3→4→5→6→8→9→2→10→12→13。

路径 6：1→2→3→4→5→6→7→8→9→2→10→11→13。

设计相关的测试用例设计如下。

路径 1：1→2→10→11→13。

测试数据：value = [90，-999，0，0，0]。

预期结果：Average = 90，total. input = 1，total. valid = 1。

路径 2：1→2→10→12→13。

测试数据：value = [-999，0，0，0，0]。

预期结果：Average = -999，total. input = 0，total. valid = 0。

路径 3：1→2→3→10→11→13。

测试数据：value = [-1，90，70，-1，80]。

预期结果：Average = 80，total. input = 5，total. valid = 3。

路径 4：1→2→3→4→5→8→9→2→10→12→13。

测试数据：value = [-1，-2，-3，-4，-999]。

预期结果：Average = -999，total. input = 4，total. valid = 0。

路径 5：1→2→3→4→5→6→8→9→2→10→12→13。

测试数据：value = [120，110，101，-999，0]。

预期结果：Average = -999，total. input = 3，total. valid = 0。

路径 6：1→2→3→4→5→6→7→8→9→2→10→11→13。

测试数据：value=[95, 90, 70, 65, -999]。

预期结果：Average=80, total. input=4, total. valid=4。

值得注意的是，某些独立路径(如例中的路径1和路径3)不能以独立的方式进行测试，这些路径必须在其他的独立路径测试中被覆盖。

11.6.6 黑盒测试

黑盒测试又称功能测试，之所以称为黑盒测试，是因为可以将被测程序看成一个无法打开的黑盒，而工作人员在不考虑任何程序内部结构和特性的条件下，根据需求规格说明书设计测试用例，并检查程序能否按照规范说明准确无误地运行，其主要是对软件界面和软件功能进行测试。对于黑盒测试，必须加以量化才能够保证软件的质量。黑盒测试方法主要有等价类划分、边界值分析、因果图等。

1. 等价类划分

等价类划分方法将所有可能的输入数据划分成若干个等价类，然后在每个等价类中选取一个代表性的数据作为测试用例。

等价类是指输入域的某个子集，该子集中的每个输入数据对揭露软件中的错误都是等效的，测试等价类的某个代表值就等价于对这一类其他值的测试。等价类划分方法把输入数据分为有效输入数据和无效输入数据。

利用等价类划分设计测试用例的步骤如下。

(1)确定等价类。

根据软件的规格说明，对每一个输入条件(通常是规格说明中的一句话或一个短语)确定若干个有效等价类和无效等价类。

(2)确定等价类的规则。

1)如果输入条件规定了取值范围，则可以确定一个有效等价类(输入值在此范围内)和两个无效等价类(输入值小于最小值及大于最大值)。

2)如果输入条件规定了值的个数，则可以确定一个有效等价类(输入值的个数等于规定的个数)和两个无效等价类(输入值的个数小于规定的个数和大于规定的个数)。

3)如果输入条件规定了输入值的集合(即离散值)，而且程序对不同的输入值做不同的处理，那么每个允许的值都确定为一个有效等价类。另外，还有一个无效等价类(任意一个不允许的值)。

4)如果输入条件规定了输入值必须遵循的规则，那么可确定一个有效等价类(符合此规则)和若干个无效等价类(从各个不同的角度违反此规则)。

5)如果输入条件规定输入数据是整型，那么可以确定3个有效等价类(正整数、零、负整数)和一个无效等价类(非整数)。

6)如果输入条件规定处理的对象是表格，那么可以确定一个有效等价类(表有一项或多项)和一个无效等价类(空表)。

以上只是列举了一些规则，实际情况往往是千变万化的，在遇到具体问题时，可参照上述规则的思想来划分等价类。

(3)设计测试用例。

在确定了等价类之后，建立等价类表，列出所有划分的等价类，并为每个有效等价类和无效等价类编号。等价类测试用例表中应列出输入条件、有效等价类和无效等价类。

例如，对于以下描述："一个程序读入3个整数，它们分别代表一个三角形的3个边长。该程序判断所输入的整数是否构成一个三角形，以及该三角形是一般的、等腰的或等边的，并将结果打印出来。"该程序对应的等价类测试用例表如表 11.17 所示。

表 11.17　"三角形判断"程序对应的等价类测试用例表

输入条件	有效等价类	无效等价类
是否构成一个三角形	A>0 且 B>0 且 C>0 且 A+B>C 且 B+C>A 且 A+C>B	A≤0 或 B≤0 或 C≤0 A+B≤C 或 B+C≤A 或 A+C≤B
是否等腰三角形	A=B 或 B=C 或 A=C	A≠B 且 B≠C 且 A≠C
是否等边三角形	A=B 且 B=C 且 A=C	A≠B 或 B≠C 或 A≠C

2. 边界值分析

边界值分析也是一种黑盒测试方法，是对等价类划分方法的补充。人们从长期的测试工作中得知，大量的错误是发生在输入或输出范围的边界上，而不是在输入范围的内部。因此针对各种边界情况设计测试用例时，其揭露程序中错误的可能性就更大。

边界是指相对于输入等价类和输出等价类而言，直接在其边界上、或稍高于其边界值、或稍低于其边界值的一些特定情况。

使用等价类分析方法设计测试用例时，原则上等价类中的任一输入数据都可作为该等价类的代表用作测试用例，而边值分析则是专门挑选那些位于边界附近的值(即正好等于或刚刚大于或刚刚小于边界的值)作为测试用例。

边界值分析方法选择测试用例的规则如下。

(1)如果输入/输出条件规定了值的范围，则选择刚刚达到这个范围的边界的值以及刚刚超出这个范围的边界的值作为测试输入数据。

(2)如果输入/输出条件规定了值的个数，则分别选择最大个数、最小个数、比最大个数多 1、比最小个数少 1 的数据作为测试输入数据。

(3)如果程序的输入或输出是个有序集合，例如顺序文件、表格，则应把注意力集中在有序集的第 1 个元素和最后一个元素上。

(4)如果程序中定义的内部数据结构有预定义的边界，如数组的上界和下界，则应选择使得正好达到该数据结构边界，以及刚好超出该数据结构边界的输入数据作为测试数据。

以上只是罗列了一部分边界值问题的分析方法，在实际应用中，可根据具体情况进行选择。由于边值分析方法所设计的测试用例更有可能发现程序中的错误，因此经常把边界值分析方法与其他设计测试用例方法结合使用。

3. 因果图

在等价类划分方法和边界值方法中未考虑输入条件的各种组合，当输入条件比较多时，输入条件组合的数目会相当大，这时可以选择因果图来进行测试。

因果图是一种帮助人们系统地选择一组高效测试用例的方法，它既考虑了输入条件的组合关系，又考虑了输出条件对输入条件的依赖关系，即因果关系，其发现错误的效率比较高。

用因果图设计测试用例的步骤如下。

（1）分割功能说明书。

将输入条件分成若干组，然后分别对每个组使用因果图，这样可减少输入条件组合的数目。

（2）识别"原因"和"结果"，并加以编号。

原因是指输入条件或输入条件的等价类；结果是指输出条件或系统变换。每个原因和结果都对应于因果图中的一个节点，当原因或结果成立（或出现）时，相应的节点的值为1，否则为0。

（3）根据功能说明中规定的原因与结果之间的关系画出因果图。

因果图的基本符号如图11.45所示。

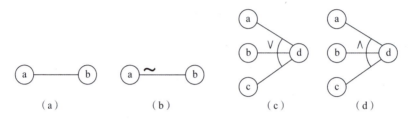

图 11.45　因果图的基本符号
(a)恒等；(b)非；(c)或；(d)与

左边的节点表示原因，右边的节点表示结果。

图11.45可以描述为以下关系。

1）恒等：若a=1，则b=1；若a=0，则b=0。

2）非：若a=1，则b=0；若a=0，则b=1。

3）或：若a=1或b=1或c=1，则d=1；否则d=0。

4）与：若a=b=c=1，则d=1；否则d=0。

（4）根据功能说明在因果图中加上约束条件。

因果图的约束条件如图11.46所示。

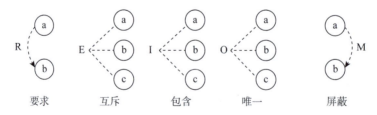

图 11.46　因果图的约束条件

图11.46中互斥、包含、唯一、要求是对原因的约束，屏蔽是对结果的约束，图11.46可以描述为以下关系。

1）互斥：表示a、b、c中至多只有一个为1，即不同时为1。

2）包含：表示a、b、c中至少有一个为1，即不同时为0。

3）唯一：表示a、b、c中有且仅有一个1。

4）要求：表示若a=1，则要求b必须为1，即不可出现a=1且b=0。

5）屏蔽：表示若a=1，则b必须为0，即不可出现a=1且b=1。

（5）根据因果图画出判定表。

列出满足约束条件的所有原因组合，写出每种原因组合下的结果，如表11.18所示。

表 11.18　因果图判定表

原因	允许的原因组合
中间节点	各种原因组合下中间节点的值
结果	各种原因组合下的结果值

（6）为判定表的每一列设计一个测试用例。

例如，有一程序的规格说明要求为："输入的第一个字符必须是#或＊，第二个字符必须是一个数字，此情况下进行文件的修改；如果第一个字符不是#或＊，则给出信息 N，如果第二个字符不是数字，则给出信息 M。"用因果图法设计测试用例。

根据以上描述，识别"原因"和"结果"，如表 11.19、表 11.20 所示。

表 11.19　因果图中的"原因"

原因	内容
1	第一个字符是#
2	第一个字符是＊
3	第二个字符是数字

表 11.20　因果图中的"结果"

结果	内容
21	修改文件
22	给出信息 N
23	给出信息 M

给出程序因果图，如图 11.47 所示。

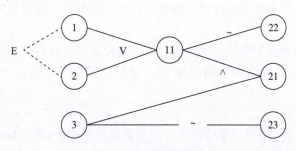

图 11.47　程序因果图

根据程序因果图，列出满足约束条件的所有原因组合，给出程序判定表和程序测试用例，如表 11.21、表 11.22 所示。

表 11.21　重新给出绘制的判定表

原因	1 2 3
中间节点	11
结果	21 22 23

表 11.22　程序测试用例

输入	输出
#1	修改文件
*1	修改文件
@1	输出 N
#a	输出 M
*a	输出 M

11.6.7　其他测试方法

1. 错误推测法

错误猜测是指凭直觉和经验推测某些可能存在的错误，并针对这些可能存在的错误设计测试用例的方法。这种方法没有机械地执行步骤，主要依靠直觉和经验。

错误猜测法的基本思想是：列举出程序中所有可能的错误和容易发生错误的特殊情况，然后根据这些猜测设计测试用例。

2. 面向对象测试

面向对象的测试策略是把类作为面向对象软件的单元，传统的单元测试等价于面向对象中的类测试，也称类内测试。它包括类内的方法测试和类的行为测试。

面向对象中的类间测试相当于面向对象的集成测试。它有以下两种集成策略。

(1) 基于线程的测试。集成一组互相协作的类来响应系统的一个输入或事件，每个线程逐一被集成和测试，并通过回归测试保证其没有产生副作用。

(2) 基于使用的测试。按使用层次来集成系统，把那些几乎不使用其他类提供的服务的类称为独立类，把使用类的类称为依赖类。集成从测试独立类开始，然后集成直接依赖于独立类的那些类，并对其进行测试。按照依赖的层次关系，逐层集成并测试，直至所有的类被集成。

面向对象的确认测试和系统测试策略与传统的确认测试和系统测试策略相同，传统的测试用例设计方法及其思想在面向对象测试中仍是可用的。传统的测试用例设计方法如下。

(1) 类内测试。

测试类中的每个操作（相当于传统软件中的函数或子程序）通常采用白盒测试，如逻辑覆盖、基本路径覆盖、数据流测试、循环测试等。

要测试类的行为，通常利用状态图进行测试，可考虑覆盖所有状态、所有状态迁移等覆盖标准，也可考虑覆盖从初始状态到终止状态的所有迁移路径。

(2) 类间测试。

类间测试主要测试类之间的交互。在 UML 中，通常用时序图和协作图来描述对象之间的交互和协作。可以根据时序图或协作图设计作为测试用例的消息序列，来检查对象之间的协作是否正常。

(3) 基于场景的测试。

场景是用况的实例，它反映了用户对系统功能的一种使用过程，基于场景的测试主要用于确认测试，在类间测试时，也可根据描述对象间的交互场景来设计测试用例。

11.6.8　软件测试完成的标准

因为无法判定当前查出的错误是不是最后一个错误，所以决定什么时候停止程序测试就成了一个困难的问题，但是测试总是要停止的。

几种实用的测试完成标准如下。

(1)基于统计的标准。如果1 000个CPU小时内运行不出错的概率大于0.995的话，那么就有95%的概率认为已经进行了足够的测试。

(2)使用指定的测试用例设计方法产生测试用例，运行这些测试用例均未发现错误(包括发现错误后已被纠正的情况)，则测试可终止。

11.7　物联网工程项目测试

除了应用层软件测试之外，对于一个物联网工程项目，还需要对以下内容进行测试。

(1)终端测试：包括传感器测试、RFID系统测试、控制系统测试等。

(2)通信线路测试：包括无线传感网测试、接入网测试等。

(3)网络设备测试：包括交换机、路由器、防火墙测试等。

(4)数据中心设备测试：包括服务器、存储器、消防系统、配电与UPS测试等。

(5)应用系统测试：包括应用终端测试、应用平台测试等。

(6)安全测试：评估物联网设备、系统和应用程序的安全性，确保它们不会受到攻击或数据泄露，包括设备的身份验证、数据加密和防护等。

在完成物联网项目系统集成及相关测试后，撰写项目系统集成与软件测试报告，物联网工程项目系统集成与软件测试报告的目录结构如下，报告内容可根据具体项目进行调整。

×××物联网工程项目系统集成与测试报告

第1章　引言
  1.1　报告目的和背景
  1.2　项目概述
  1.3　报告范围和限制
第2章　系统集成测试
  2.1　集成测试计划
  2.2　测试目标
  2.3　测试范围
  2.4　测试资源与环境
  2.5　集成测试过程
  2.6　测试用例设计
  2.7　测试数据准备
  2.8　测试执行步骤
  2.9　集成测试结果
  2.10　测试通过情况

思考题

1. 简述软件生存周期的 6 个阶段。

2. 简述增量模型的优缺点。

3. 什么是敏捷开发？

4. UML 建模中静态建模中包括哪些图？

5. 什么是 α 测试和 β 测试？

6. 某报表处理系统要求用户输入处理报表的日期，日期限制在 2003 年 1 月至 2008 年 12 月，即系统只能对该段期间内的报表进行处理，如日期不在此范围内，则显示输入错误信息。系统日期规定由年、月的 6 位数字字符组成，前四位代表年，后两位代表月。请采用等价类划分的方法设计测试用例。

第四篇　物联网工程项目部署与维护

第 12 章

物联网工程项目部署与维护

项目任务

- 对物联网工程项目进行部署
- 在部署过程中进行项目的调试，保证项目的正确运行
- 做好项目维护计划

12.1 物联网工程项目部署

12.1.1 物联网工程项目部署内容

物联网工程项目部署是一个综合性的过程，涉及多个关键内容以确保项目的顺利实施和高效运行。以下是物联网工程项目部署应该包含的主要内容。

（1）设备选择与接入。根据项目的需求，选择适合的物理设备和传感器，并确保这些设备能够与互联网进行连接。这包括评估设备的性能、兼容性以及成本效益。

（2）数据采集与处理。通过连接的设备和传感器采集所需的数据，并进行适当的处理，包括数据的清洗、格式化、压缩和加密等操作，以确保数据的准确性和安全性。

（3）云平台建设。搭建物联网云平台，用于集中管理和监控设备。云平台应具备数据存储、分析、可视化和报警等功能，以便实时掌握设备的运行状态和数据情况。

（4）应用开发与集成。根据项目需求，开发相应的应用程序或系统，用于接收、处理和控制物联网数据。应用程序应具备稳定性、可扩展性和易用性等特点，并与物联网云平台进行集成，实现数据的实时传输和控制功能。

（5）网络规划与部署。设计并部署物联网工程项目的网络架构，包括有线和无线网络的建设。确保网络的稳定性、安全性和可扩展性，以满足项目对数据传输和通信的需求。

（6）安全与隐私保护。制订并实施严格的安全策略，保护物联网设备和数据的安全，包括设备认证、访问控制、数据加密和隐私保护等措施，以防止未经授权的访问和数据泄露。

(7)测试与优化。在项目建设完成后，进行系统测试和优化，确保整体性能和功能的稳定性。根据测试结果调整和优化系统配置，提升项目的效果和用户体验。

(8)运维与监控。在项目上线后，需要进行持续的运维和监控工作，包括设备的维护、故障排查、数据备份和恢复等，确保设备和系统的正常运行和数据的完整性。

12.1.2　物联网工程项目部署关键

在物联网工程项目的部署阶段，需要注意以下几个关键细节。

(1)设备安装的准确性。确保每个物联网设备都按照预先设计的位置和方式进行安装。设备的安装位置和角度可能直接影响到其数据采集和通信的效果，因此在安装过程中，需要按照操作手册或专业指导严格进行，避免出现安装错误。

(2)网络连接稳定性。物联网设备通常需要依赖稳定的网络连接进行数据传输和通信。在部署阶段，需要确保网络设备正确配置，网络连接稳定可靠。对于可能存在的网络覆盖盲区或信号弱区，需要提前进行网络优化或增加中继设备，以确保设备能够稳定地连接到网络。

(3)电源供应与能耗管理。物联网设备通常需要稳定的电源供应。在部署阶段，需要考虑设备的电源接入方式和能耗管理策略。对于需要长时间运行的设备，应优先考虑使用低功耗的硬件和优化的电源管理方案，以确保设备可以长时间稳定运行。

(4)安全性考虑。物联网设备的安全性至关重要。在部署阶段，需要确保设备的安全性得到充分的保障。这包括设备的物理安全(如防止未经授权的访问或破坏)、通信安全(如加密通信、身份验证等)以及数据安全(如数据的加密存储和传输)等。

(5)配置与初始化。每个物联网设备在部署后都需要进行正确的配置和初始化，包括设置设备的网络参数、数据采集参数、通信协议等。在配置过程中，需要确保所有参数的设置都是正确的，并且符合项目的实际需求。

(6)测试与验证。部署完成后，需要对物联网设备进行全面的测试和验证，这包括功能测试、性能测试、安全测试等。通过测试，可以确保设备能够正常工作，并且满足项目的需求。

×××物联网工程项目部署报告

第1章　引言

　　1.1　项目背景与目标

　　1.2　报告编写目的与范围

第2章　项目概述

　　2.1　物联网项目简介

　　2.2　项目预期成果与效益

第3章　部署环境与资源配置

　　3.1　硬件环境准备

　　3.2　服务器与存储设备配置

　　3.3　网络设备配置

　　3.4　传感器与执行器配置

12.2 物联网工程项目维护

12.2.1 物联网工程项目维护人员具备的能力

维护物联网工程项目的人员需要具备一系列的技能，以确保项目的稳定运行和持续优化。维护人员应具备的关键技能包括：

（1）技术理解与应用能力：深入理解物联网技术架构，包括传感器技术、通信技术、云计算等；熟悉物联网设备的硬件和软件组成，能够理解和应用相关技术文件。

（2）网络管理与维护：熟练掌握网络配置和管理技能，能够处理网络故障，可以优化网络性能；熟悉各种网络协议和标准，了解网络安全的基本原理和实践。

（3）系统监控与故障排查：能够使用监控工具对物联网系统进行实时监控，及时发现问题和异常；能够进行故障排查和定位，快速解决系统故障和性能问题。

（4）数据备份与恢复：掌握数据备份和恢复的策略和方法，确保数据的完整性和可用性；熟悉数据恢复流程，能够在数据丢失或损坏时迅速恢复数据。

（5）安全性技能：了解物联网安全威胁和攻击手段，能够制订和实施安全策略；熟练掌握防火墙、入侵检测系统等安全设备的配置和管理。

（6）编程与软件开发：具备一定的编程能力，能够编写简单的脚本或程序来辅助维护工作；熟悉软件开发流程，能够进行简单的软件升级或功能定制。

（7）沟通协调能力：能够与项目团队、用户和其他利益相关者进行有效沟通，理解并满足他们的需求。能够协调各方资源，推动问题的解决和项目的进展。

（8）持续学习能力：由于物联网技术发展迅速，维护人员需要具备持续学习的能力，不断更新自己的知识和技能；关注行业最新动态和技术趋势，积极参与培训和交流活动。

12.2.2 物联网工程项目维护内容

（1）设备巡检与故障排除。定期对物联网设施进行巡检，检查设备的运行状态和性能表现。在发现设施故障时，及时对故障进行排除和修复，以尽快恢复设施的正常运行。

（2）预防性维护。定期进行设备的维护保养，包括清洁、校准和更换损坏的部件，以延长设备的使用寿命。这有助于降低突发故障的风险，提高系统的可靠性。

（3）数据备份与恢复。对设备的数据进行定期备份，以防止数据丢失和损坏。在数据丢失或损坏时，能够及时恢复数据，确保系统的正常运行。

（4）安全性维护。定期更新设备的安全补丁和防病毒软件，确保设施的安全性和可靠性。建立防火墙和入侵检测系统，保护物联网系统免受网络攻击。

（5）远程维护与支持。利用远程技术，对设备进行远程维护和故障排除，减少人工干预和维修时间。同时，提供全天候的技术支持，确保用户在使用过程中的问题能够及时解决。

（6）软件更新与升级。定期进行设备的固件升级和软件更新，以提升设备性能和功能。这有助于确保系统始终保持在最佳状态，满足不断变化的业务需求。

（7）日志管理与故障调查。在检测到故障后，进行故障调查，并借助日志记录来分析故障原因。日志管理有助于快速定位问题，提高故障排除的效率。

12.2.3 物联网工程项目维护工具

常用的物联网工程项目维护工具如下。

(1)网络监控工具:用于实时监控物联网网络的性能和状态,包括流量监控、延迟分析、丢包率检测等。这类工具可以帮助维护人员及时发现网络故障,并对网络进行相应的优化和调整。

(2)设备管理软件:用于管理物联网设备,包括设备的远程配置、状态监控、故障排查等。通过设备管理软件,可以方便维护人员对设备进行批量操作,提高维护效率。

(3)安全检测工具:用于检测物联网系统中的安全漏洞和潜在威胁,包括漏洞扫描、入侵检测、恶意软件分析等。这些工具可以帮助维护人员加强系统的安全性,防止数据泄露和网络攻击。

(4)日志分析工具:用于收集和分析物联网系统的日志数据,帮助维护人员定位故障和性能问题。通过日志分析,可以了解系统的运行状况,发现潜在的问题,并进行相应的优化。

(5)备份与恢复工具:用于备份物联网系统的数据和配置信息,以及在数据丢失或损坏时进行恢复。这些工具可以确保数据的安全性和可用性,防止因数据丢失而导致的系统崩溃。

(6)远程维护工具:支持维护人员通过远程的方式对物联网设备进行维护操作,包括远程配置、软件升级、故障排除等。这类工具可以减少在现场维护的需求,提高维护的灵活性和效率。

(7)仿真测试工具:用于模拟物联网系统的运行环境,进行系统的测试和验证。通过仿真测试,可以在实际部署前发现和解决潜在的问题,确保系统的稳定性和可靠性。

一个可行的物联网工程项目维护报告如下。

×××物联网工程项目维护报告

第 1 章 引言

  1.1 报告的目的和背景

  1.2 物联网项目简介

第 2 章 维护概述

  2.1 维护的重要性和目标

  2.2 维护的范围和周期

第 3 章 系统状态评估

  3.1 系统性能分析

    3.1.1 关键性能指标的达成情况

    3.1.2 系统响应时间、吞吐量等数据的监测结果

  3.2 系统安全性评估

    3.2.1 安全漏洞扫描与风险评估

    3.2.2 已采取的安全措施的有效性分析

第 4 章 维护工作执行

  4.1 日常维护

思考题

1. 物联网工程项目部署的内容有哪些？

2. 物联网工程项目维护人员应具备哪些能力？

3. 物联网工程项目维护内容有哪些？

参 考 文 献

[1]黄传河. 物联网工程设计与实施[M]. 北京：机械工业出版社，2017.

[2]刘明亮，宋跃武. 信息系统项目管理师教程[M]. 北京：清华大学出版社，2003.

[3]俞建峰. 物联网工程开发与实践[M]. 北京：人民邮电出版社，2013.

[4]赵小强，李晶，王彦本. 物联网系统设计及应用[M]. 北京：人民邮电出版社，2015.

[5]曹望成，马宝英，徐洪国. 物联网技术应用研究[M]. 北京：新华出版社，2015.

[6]陈君华，梁颖，罗玉梅，等. 物联网通信技术应用与开发[M]. 昆明：云南大学出版社，2022.

[7]黄姝娟，刘萍萍，王建国，等. 物联网系统设计与应用[M]. 北京：中国铁道出版社，2022.

[8]刘伟荣. 物联网与无线传感器网络[M]. 北京：电子工业出版社，2021.

[9]付丽华，葛志远，娄虹，等. 物联网RFID技术及应用[M]. 北京：电子工业出版社，2021.

[10]马振洲. 物联网感知技术与产业[M]. 北京：电子工业出版社，2021.

[11]朱明，马洪连，马艳华，等. 无线传感器网络技术与应用[M]. 北京：电子工业出版社，2020.

[12]廖建尚，王艳春，彭昌权. 物联网工程规划技术[M]. 北京：电子工业出版社，2021.

[13]廖建尚，杨尚森，潘必超. 物联网系统综合开发与应用[M]. 北京：电子工业出版社，2020.

[14]廖建尚，周伟敏，李兵. 物联网短距离无线通信技术应用与开发[M]. 北京：电子工业出版社，2019.

[15]张元斌，杨月红，曾宝国，等. 物联网通信技术[M]. 成都：西南交通大学出版社，2018.

[16]秦志光，丁熠，王瑞锦，等. 智慧城市中的物联网技术[M]. 北京：人民邮电出版社，2015.

[17]黄玉兰. 物联网射频识别(RFID)技术与应用[M]. 北京：人民邮电出版社，2013.

[18]李道亮. 物联网与智慧农业[M]. 北京：电子工业出版社，2021.

[19]王浩，郑武，谢昊飞，等. 物联网安全技术[M]. 北京：人民邮电出版社，2016.

[20]周平. 软件产品质量要求和测试细则[M]. 北京：电子工业出版社，2019.

[21]钟珞，袁胜琼，袁景凌，等. 软件工程[M]. 北京：人民邮电出版社，2017.

[22]耿红琴. 软件工程案例教程[M]. 北京：电子工业出版社，2015.

[23]冀振燕. UML系统分析与设计教程[M]. 北京：人民邮电出版社，2014.

[24]张海藩，吕云翔. 实用软件工程[M]. 北京：人民邮电出版社，2015.

［25］LOCK D. Project Management［M］. Oxford：Taylor & Francis，2020.

［26］王树进. 项目管理［M］. 南京：南京大学出版社，2019.

［27］冯辉红，冯东梅，高虹，等. 工程项目管理［M］. 北京：中国水利水电出版社，2016.

［28］陆惠民，苏振民，王延树. 工程项目管理［M］. 南京：南京东南大学出版社，2015.

［29］邱明锋. 设计项目管理与实施［M］. 成都：四川大学出版社，2014.

［30］黄建文，周宜红，赵春菊. 工程项目进度动态控制与优化理论［M］. 北京：中国水利水电出版社，2018.

［31］SUNDARAMOORTHY S. UML Diagramming：A Catalog of Cases［M］. Boca Raton：CRC Press，2021.

［32］UNHELKAR B. Software Engineering with UML［M］. Oxford：Taylor & Francis，2018.

［33］DSIS，JANIS. Topological UML Modeling［M］. Amsterdam：Elsevier Inc，2017.

［34］JORGENSEN C P. Software Testing［M］. Oxford：Taylor & Francis，2014.

［35］RHEM J A. UML for Developing Knowledge Management Systems［M］. Oxford：Taylor & Francis，2012.

［36］HOLT J. UML for Systems Engineering：Watching the wheels［M］. London：IET Digital Library，2004.

［37］MASOODI S F，BAMHDI A，MANOCHA A，et al. Internet of Things Applications and Technology［M］. Boca Raton：CRC Press，2024.

［38］OUAISSA M，OUAISSA M，KHAN U I，et al. Low-Power Wide Area Network for Large Scale Internet of Things：Architectures，Communication Protocols and Recent Trends［M］. Boca Raton：CRC Press，2024.